日本の
ウラギンヒョウモン

Japanese *Argynnis niobe* group and *Argynnis pallescens* group
by Tsutomu Shinkawa and Ikuo Iwasaki

新川　勉・岩﨑郁雄

はじめに

「裏面に銀紋をもつウラギンヒョウモン」は，まさに隠蔽種の代表的なものです。これほど色々な種・亜種名が記載されては消えていったウラギンヒョウモンは数少ないグループのひとつです。以前は，種の決定・分類が外部形態のみで行われ，特にチョウ類の場合は斑紋等による識別を優先させてきたものでした。その中で，ウラギンヒョウモンは比較的身近なチョウでありながら特異な種となりました。斑紋の明瞭な種についての区別は容易ですが，個体変異の重なる部分の多い種では，些細な部分の出現斑紋を捉えて種や亜種を決定していることがありました。いわゆる，もともと広範囲に分布していたものが，年数を経ないままある地域集団で斑紋が変化したものをそう捉える，いわゆるボトルネック現象です。これまでは種を知る手掛かりがこのようなものしかなかった時代で，新たな光を射したのがDNAによる遺伝子分析でした。種・亜種では明らかに同じ位置の塩基配列に違いが見られます。今でこそ，研究機関では動植物はもちろん菌類などや親子関係，犯罪捜査に至るまで誰でも知っている手法となっています。

　昆虫類ではオサムシのDNA分析が難解な昆虫類分類の突破口を開きました。これにより，種間関係が明らかになり，予想された雑交による個体群の存在も確認されました。その後，鱗翅目でも行われるようになり，現在では幅広く活用されています。その分析の先駆け当時，放送大学に在職していた新川がウラギンヒョウモンのDNAを調べることになり，驚くべき結果を招くこととなります。また，結果の実証に生態面等で迫った岩﨑も合わせて，種の確定までに15年余りという長い歳月を要することになりました。DNAでは確かに別種を示唆していましたが本当にそうなのか，やはり斑紋等見た目で同じように見える種は同種なのか，あるいは亜種，型なのか混乱の日々でした。しかしながら，内部形態や発香鱗が分析の結果とリンクしていることが判明し，またほとんどのグループが混棲しており，亜種ではないことなど別種に間違いないとの結論を得ました。それでも不安が残り，同時に雌が雄を認知するフェロモン（匂い）の分析も実施し，これもそれぞれの種に対応するものでした。

　ここでは，日本産3種1亜種の記載をはじめ，その後判明した事項や生態について解説し，調査紀行やエピソードを含め紹介しました。その全体像については，まだまだ未解明なところが多いですが，これを基に難解なウラギンヒョウモンの研究がさらに進むことに期待したいと思います。

　最後に矢後勝也氏の多大なご指導等や福田晴夫氏の暖かいご支援がなければここまでに至りませんでした。さらに資料収集など数多くの方々のご協力を頂いた結果でもあります。皆さまに対しまして，心から深く感謝いたします。

新川　勉　　岩﨑郁雄

刊行に寄せて

敬服するチョウ研究への情熱と執念
矢後勝也　（東京大学総合研究博物館）

　日本産ウラギンヒョウモンの複数種混在説が世に出たのは2004年。もちろん、この説を最初に唱えたのは本書の第一著者・新川勉氏であり、蝶類DNA研究会のニュースレター12号に「遺伝子が証すウラギンヒョウモン類の系統」のタイトルで華々しく掲載された。DNA解析の結果を検証する試みも怠ることなく、斑紋や発香鱗、♂交尾器による違いを合わせて示していたが、当時はまだDNA解析に疑念を持っていた人も少なくなく、複数種を含んでいることに多くの方々が疑ったことであろう。

　私と新川氏との密な交流は、2003年に博士研究員として私が東京大学大学院理学系研究科に所属した時から始まる。当時、新川氏は本研究科の多様性起源学研究室に属し、技術職員として週1〜2回訪れていた。すでに70歳前後のご年齢だったにも関わらず、DNA解析のような常に新しい手法に挑戦する姿勢に尊敬の念を抱いていたが、合間を見ては私が所属していた同棟の進化系統学研究室に立ち寄られ、気さくにウラギンヒョウモンなどの研究成果をお話しされていた。すぐに打ち解けて親しい関係を築かせて頂き、このご縁からマダラチョウ類の分子系統に関する報文を共著で出版したり、ゴマシジミの分子系統地理を共同発表するなどのご支援を賜ったことは、私のかけがえのない財産になっている。

　あれから15年、その新川氏は突然の病で永逝された。この一報を岩﨑郁雄氏から受けたのは、昨年6月下旬の北海道での調査中だった。大変衝撃を受けたことを今でも憶えている。このウラギンヒョウモン研究の公式発表を投稿準備の最中で心残りであったに違いないが、その意志を共著の岩﨑氏が引き継ぎ、本書の形で日の目を見ることとなった。著者らの長年の研究成果の集大成であり、分子・形態・生態・化学物質、そして幼生期の研究を伴う総合的アプローチとして、卓越した学術書籍であることは間違いない。このような労作に微力ながらお手伝いできたことを栄誉に感じる次第である。最後に著者らのご努力と熱意に最大の敬意を表すとともに、本書の出版を心よりお祝い申し上げたい。

消えゆくチョウへの鎮魂歌
福田晴夫　（元鹿児島県立博物館長）

　ウラギンヒョウモンの遺伝子が変だという話は，高等学校時代からの友人である新川君からずい分前に聞いており，その後の発表が気になっていたが，近年は岩﨑氏というよい協力者を得て作業が進み，完成も近いということであった。しかし，非情な運命というべきか，新川君はそれを果たすことなく急逝された。

　これを受けて豊富なフィールドワークで多くの情報を持つ岩﨑氏が，まだ不十分だと言いながら，さまざまな問題を乗り越えて作り上げたのが本著である。これを見ると，蝶愛好者の二人の悪戦苦闘の経過が良く分かる。決してスマートではないが，最新の知見をまとめ，楽しさと，熱意と，苦労と，安堵感と，謙虚で，しかし何よりも誇らしげな気持ちが感じられる。よかったな，新川君。

　数十年前は，ウラギンヒョウモンは草原の普通種で，特に注目を集めるようなチョウではなかった。かつては温帯性の気候下で安定した暮らしをしており，後氷期の温暖化以降は，おそらくヒトの環境撹乱で生じた草地で生きのびた。しかし，その草地は急速に変貌し失われた。もちろん温暖化の進行が背景にあるだろうが，今は南九州では消えゆくチョウのひとつになっている。調べようにも，相手が少ないと大いに困る。それを乗り越えて答えを探した結果がこれである。系統分類学的成果のほかに，成虫の分布，発生期，生態，幼生期の形態，習性まで記述されており，特に蛹化前行動としてサトウラギンが上面から側面までの粗い網状構造をを造り，ヤマウラギンにはそれが上面だけという知見は，他の同属種での精査とその原因論の呼び水になろう。

　日本の定着種のチョウでは，もはや"見たこともない"想定外の新種はいない。新しい種が発見されるとすれば，1種と思われた種が複数種だったというケースで，これはまだ，今後もいくらかの可能性を残す。新種の発見は，慧眼と地道な調査力をもつ人の仕事になった。そう言った意味で，この本はよいモデルになる。

　もちろん，いくらでも注文はつけられる。幼生期の形態は写真が中心で相違点などの記述は少ない。若齢幼虫の比較も欲しい。しかし，新川君はもういないし，岩﨑氏も検討する時間が必要だったにちがいない。これから問題を発見して自分で調べる，そんな人が出て来て欲しい……という著者らの願いが伝わる一冊である。

INDEX

はじめに …………………………………………………………………………………………………… 2

刊行に寄せて　　矢後勝也　福田晴夫 ……………………………………………………………… 3

記載文 ……………………………………………………………………………………………… 5

日本産ウラギンヒョウモンは複数種の集合体・再分類

　　　—— 種の昇格1種と2新種1亜種 ——　新川　勉・岩﨑郁雄 ……………………… 7

成虫図版 ……………………………………………………………………………………………… 33

翅脈・室等の名称 …………………………………………………………………………………… 34

翅の表面・裏面の斑紋名称 ……………………………………………………………………… 35

Argynnis (Fabriciana) pallescens pallescens　サトウラギンヒョウモン ……………………… 36

Argynnis (Fabriciana) nagiae　ヤマウラギンヒョウモン

Argynnis (Fabriciana) kunikanei　ヒメウラギンヒョウモン

Argynnis (Fabriciana) pallescens kandai　オクシリウラギンヒョウモン（奥尻島産）

Argynnis (Fabriciana) pallescens pallescens　サトウラギンヒョウモン（佐渡島産）

　　Column 1　　1933年に宮崎市で採集されたサトウラギンヒョウモン　岩﨑郁雄 ……………… 62

各　論 ………………………………………………………………………………………………… 63

ウラギンヒョウモン類3種の野外幼虫 …………………………………………………………… 64

日本産ウラギンヒョウモン類3種の発香鱗　新川　勉・岩﨑郁雄 ………………………… 65

日本産ウラギンヒョウモン類3種の幼虫と蛹及び造巣性　岩﨑郁雄 ……………………… 69

日本産ウラギンヒョウモン類命名記　岩﨑郁雄 ……………………………………………… 81

　　Column 2　　DNA分析によるウラギンヒョウモン類の各種分布確認地　新川　勉・岩﨑郁雄 …………… 82

日本産ウラギンヒョウモン類3種（♂）の同定法　岩﨑郁雄 ………………………………… 84

紀行文 ………………………………………………………………………………………………… 87

ウラギンヒョウモン調査先の自然と歴史 ……………………………………………………… 88

北海道　渡島半島調査紀行 ～2007年～

　　　—— ウラギンヒョウモン3種が混棲する地域 ——　岩﨑郁雄 …………………… 89

　　Column 3　　サトウラギンとヒメウラギンヒョウモン♂の探雌行動　岩﨑郁雄 ………………… 96

北海道　奥尻島調査紀行 ～2016年～

　　　—— オクシリウラギンヒョウモンを求めて ——　岩﨑郁雄 ……………………… 102

　　Column 4　　奥尻島のウラギンヒョウモンと新川さん　神田正五 ………………………… 106

トキと金山の島　佐渡島にウラギンヒョウモンを求めて ～2017年～

　　　—— 佐渡のウラギンは1種か2種か？ ——　岩﨑郁雄 …………………………… 114

【特別寄稿】ヒメウラギンヒョウモンとの出会い　國兼信之 ……………………………… 124

おわりに ……………………………………………………………………………………………… 127

記　載　文

日本産ウラギンヒョウモンは複数種の集合体・再分類
―― 種の昇格1種と2新種1新亜種 ――

新川　勉　・　岩﨑郁雄

日本産ウラギンヒョウモンは複数種の集合体・再分類

—— 種の昇格1種と2新種1新亜種 ——

新川　勉　〒889-8601 鹿児島県曽於市末吉町岩崎 2845-5
岩﨑郁雄　〒880-0925 宮崎県宮崎市本郷北方 4353-31

Japanese *Argynnis* (*Fabriciana*) *adippe pallescens* (Lepidoptera Nymphalidae Argynnini) as a result of genetic analysis, it was found that it is a group of complex species, reclassification
-One type promoted to species, and two new species and one subspecies-

Tsutomu SHINKAWA : Iwasaki 2845-5, Sueyoshi chō, Kagoshima Pref., Japan, 889-8601
Ikuo IWASAKI : Hongōkitakata 4353-31, Miyazaki city, Miyazaki Pref., Japan, 880-0925

Key-Words

Taxonomy, Lepidoptera, *Argynnis* (*Fabriciana*) *adippe pallescens*, *Argynnis* (*Fabriciana*) *nagiae* sp. nov., *Argynnis* (*Fabriciana*) *kunikanei* sp. nov., *Argynnis* (*Fabriciana*) *pallescens kandai* ssp. nov.

Abstract

The high brown fritillary group (Nymphalidae; Heliconiinae; Argynnini) is made of closely related species which resemble one another in morphology (e.g. mottles, spots, speckles, and color patterns). Also they show great variations even within the same species. Therefore, morphology-based taxonomits have made great changes and disagreements in the positioning of species and subspecies in this group. For a better classification of this group, we analyzed their ND5 region in mt' DNA for construction of their molecular phylogenetic tree. Our tree suggested that the high brown fritillaries in Japan are an aggregate of more than 2 species. We concluded that "the conventional frame of the Japanese species comprised 2 groups, i.e. *Argynnis niobe* and *Argynnis pallescens*." Furthermore, we observed morphological, ecological, and molecular differences among the Japanese populations and reclassified them into 3 species and 1 subspecies. The type specimen from Japan (collected in Hakodate) was found not to be a subspeices of *A. adippe* group as having been assumed. We found it an independent species constituting the separate *A. pallescens* group. Consequently, we proposed the restoration of *Argynnis* (*Fabriciana*) *pallescens* (Butler, 1873) stat. n. Also from both groups in Japan, 1 new species each was recognized, i.e. *Argynnis* (*Fabriciana*) *nagiae* Shinkawa et Iwasaki sp. n. in *A. niobe* group, and *Argynnis* (*Fabriciana*) *kunikanei* Shinkawa et Iwasaki sp. n. in *A. pallescens* group. Furthermore, we classified the population on the Okushiri Island in Hokkaido as *Argynnis* (*Fabriciana*) *pallescens kandai* Shinkawa et Iwasaki subsp. n.

緒　言

日本におけるウラギンヒョウモンは *Argynnis* (*Fabriciana*) *adippe* (Denis et Schiffermüller, 1775) の1亜種とされ，国内では長い間，大きく問題にされることはなかった．ウラギンヒョウモン類は斑紋による識別の難しいグループのため，1990年代，北海道で記録された *A.* (*F.*) *niobe* の亜種 *A.* (*F.*) *n. tuboutii* の記載を契機に，全体を俯瞰してどの程度の遺伝子に相違があるのか調べることとなった．当然，日本産ウラギンヒョウモンは1種に収斂されるものと考えていた．ところが，複数種に多分割されることが判明し，系統関係でどのような位置づけとなるのか，国内外広範囲の資料を集め，遺伝子分析を行った．

日本周辺地域における*Argynnis*属を体系的にまとめた図鑑（Tuzov, V. K., 2003）によると，極東アジアには*A. adippe pallescens*の近縁種*A. vorax*の亜種等が日本国内に分布していると記述されており，この方面からのアプローチも必要となった．Tuzov, V. K., の言う種がどの地域にどのように分布しているのか確認するために，韓国，北朝鮮，中国，モンゴル，ロシアを含む極東地域，中央アジア，ヨーロッパ大陸までの範囲の中で，可能な限り Type - locality 周辺の標本を収集し，mt' DNA を分析した (Table1)．

その結果，種間関係が判明し，ハプログループの分布状況の中で日本産の位置付けが明らかとなった．

なお，これまで日本でのウラギンヒョウモンは，属に関して*Fabriciana* Reuss, 1920 が使用されてきたが Tuzov, V. X., 2003 では，広く*Argynnis* Fabricius, 1807 を使用する決定（1945 年意見 161 号として公表．＊注 1 ）を支持しており，*Fabriciana*属を synonym としている．その後，Tuzov, V. X., 2017 では DNA 分析を加味し，*Fabriciana*を亜属として分類した。それらに従い*Argynnis (Fabriciana)*属とした．

＊注 1 : At the same time the name *Argynnis* Fabricus was placed on Official List of Generic Names in Zoology as Name No.609. These decisions of which the first was taken by the Commission under its Plenary powers, were promulgated in 1945 in the Commission's Opinion 161 (Opin. int. Comm. zool. Nom. 2 : 307 - 318)　(Hemming, 1967 : 56)

ウラギンヒョウモン類の遺伝子による種間関係

ウラギンヒョウモン類*Argynnis (Fabriciana)*属の全体的な種間関係を調べるため，タンパク質形成に必要なアミノ酸の変異からみた mt' DNA ND5 遺伝子及び進化速度をみた mt' DNA ND5 や 16SrRNA 遺伝子により分子系統樹を構築した（Figures 1 - 3）．

DNA 解析方法は，標本の脚数本から mt' DNA を抽出し，シーケンサーで 812bp を決定する．同地域での個体数は複数個体で出来るだけ多くを収集分析し，1 個体につき 4 個の遺伝子配列を決定．この行程を 16SrRNA でも 1 個体当たり 900bp を決定し，リボソーマル RNA の配列を得る．

ND5 遺伝子は進化速度が速く，大きな遺伝子であるミトコンドリアでは突然変異を貯めやすい構造となっている．また，この遺伝子は，配列にインサートがなく，タンパク質（アミノ酸）をコードしているので選択した．

一方，16SrRNA は，ND5 遺伝子と対照的に進化速度の一番遅い遺伝子である．ミトコンドリア細胞の中で，最も重要なタンパク質合成小器官の一部を担うとともに保存性の高い重要な遺伝子となっている．

これらのことより判明した近縁関係では，現在インド地方に分布している*A. kamara*種群が最初に分岐し，次に広くモンゴルから北朝鮮に分布する*A. xipe*種群が分岐，広くユーラシア大陸に分布する*A. niobe*種群（*A. nibe*に多くの亜種が記載されているが，mt' DNA ND5 では大きな変異は認められず，亜種区分するまでの根拠が希薄で，そもそも斑紋や性標など表面形態のみで分類の基準にするには困難な面がある）が，同じくユーラシア大陸の*A. adippe*種群や*A. vorax*種群に加えて，新しく*A. pallescens*種群がほぼ同時期に分岐したものと考えられる．この中で日本のウラギンヒョウモンは，日本列島形成とともに存在してきた古い種であることを示しており，*A. niobe*種群と*A. pallescens*種群の 2 グループから分岐したものである．

Tuzov, V. K., の見解と遺伝子分析の整合性

Tuzov, V. K., 2003 は，日本に*A. adippe*や*A. vorax*の亜種が分布すると述べている．そこで多数の資料により，無作為に遺伝子分析したところ，*A. adippe*種群そのものは，ヨーロッパから中国の天山山脈周辺部とモンゴル草原以北，アムール，サハリンまで確認することができたが，モンゴル草原以南の極東ユーラシアや日本各地では全く見出すことはできず，これらの地域では*A. adippe*種群そのものが分布していないと見ることが妥当である．さらに，日本に近いロシア沿海地方から収集した*A. adippe*の同定ラベルの付いた標本も全て*A. niobe*種群や*A. vorax*種群であった．これらのことから，日本産ウラギンヒョウモンが*A. adippe*種群の亜種ではないことを示している．

Tuzov, V. K., 2017 では，新たに Yama として*A. (F.) xipe*の学名不詳の亜種として記述している．遺伝子分析では，Yama と*A. (F.) xipe*とはかなり離れた関係であり，むしろ*A. (F.) niobe*と近縁関係にある全くの独立種であることを示している．Sato の分類についても同様に*A. (F.) vorax*の亜種扱いとなっているが，これも完全な別種で，アミノ酸系統樹の示すとおりである（Figure 2）．

また，Tuzov, V. K., 2003 が*A. vorax*の亜種と認めている*A. v. locuples*は，日光が Type - locality でサハリンや日本列島などに分布しているとしている．先に述べたように遺伝子分析では，サハリンにおいては全て*A. adippe*種群に，韓国や極東では*A. vorax*種群に収斂し，国後島を含む北海道から本州，四国，九州（日光や広島の産地として図版の掲載されている地域）まで*A. pallescens*種群（一部*A. niobe*種群）に収斂した．すなわち，*A. (F.) v. locuples*は少なくとも日本国内での実在が確認できなかったことになる．なお，Tuzov, V. K., 2017 においては，*A. (F.) v. locuples*を*A. (F.) adippe*の variety とした．これらの種は，

Table 1 Material used in the present analyses

Registrant: Masaya YAGO, Takashi YAO, Tsutomu SHINKAWA, Ikuo IWASAKI

Group		Registrations	New Mentioning	Sample name (original)	Sample name (for registration)	Locality	GB Accession NO.
1	in	*Fabricana niobe*	*Argynnis (Fabriciana) niobe*	1. Horokanai Hokkaido	1_niobe_Hokkaido	Horokanai-cho, Uryu-gun, Hokkaido Pref., Japan	LC374402
2	in	*F. niobe*	*A. (F.) niobe*	2. Horokanai Hokkaido	2_niobe_Hokkaido	Horokanai-cho, Uryu-gun, Hokkaido Pref., Japan	LC374403
3	in	*F. adippe pallescens*	*A. (F.) nagiae*	3. N Mashike Hokkaido	3_pallescens_Hokkaido	Mashike-cho, Mashike-gun, Hokkaido Pref., Japan	LC374404
4	in	*F. adippe pallescens*	*A. (F.) nagiae*	4. N. Mashike Hokkaido	4_pallescens_Hokkaido	North Mashike-cho, Mashike-gun, Hokkaido Pref., Japan	LC374405
5	in	*F. adippe pallescens*	*A. (F.) pallescens*	5. N. Hiyama Gifu	5_pallescens_Gifu	North Hiyama, Gifu Pref., Japan	LC374406
6	in	*F. adippe pallescens*	*A. (F.) pallescens*	6. Hiroshima. Seradaiti	6_pallescens_Hiroshima	Seradaichi, Sera-cho, Sera-gun, Hiroshima Pref., Japan	LC374407
7	in	*F. adippe pallescens*	*A. (F.) pallescens*	7. Hiroshima. Seradaiti	7_pallescens_Hiroshima	Seradaichi, Sera-cho, Sera-gun, Hiroshima Pref., Japan	LC374408
8	in	*F. adippe pallescens*	*A. (F.) nagiae*	8. Kagoshima. Kirishima	8_pallescens_Kagoshima	Mt. Kirishima Kagoshima Pref., Japan	LC374409
9	in	*F. adippe pallescens*	*A. (F.) pallescens*	9. Hiroshima. Yamato. Kamo	9_pallescens_Hiroshima	Daiwa-cho, Kamo-gun, Hiroshima Pref., Japan	LC374410
11	in	*F. adippe pallescens*	*A. (F.) nagiae*	11. Okaya. Takabocchi	11_pallescens_Nagano	Mt. Takabotti, Okaya City, Nagano Pref., Japan	LC374412
12	in	*F. adippe pallescens*	*A. (F.) nagiae*	12. Okaya. Takabocchi	12_pallescens_Nagano	Mt. Takabotti, Okaya City, Nagano Pref., Japan	LC374413
13	in	*F. adippe pallescens*	*A. (F.) nagiae*	13. Okaya. Takabocchi	13_pallescens_Nagano	Mt. Takabotti, Okaya City, Nagano Pref., Japan	LC374414
14	in	*F. niobe*	*A. (F.) niobe*	14. Enji. jirin China	14_niobe_China	Yanji, Jilin, China	LC374415
16	in	*F. adippe pallescens*	*A. (F.) nagiae*	16. Hokkaido. Horokanai	16_pallescens_Hokkaido	Horokanai-cho, Uryu-gun, Hokkaido Pref., Japan	LC374417
17	in	*F. adippe pallescens*	*A. (F.) pallescens*	17. Hokkaido. Horokanai	17_pallescens_Hokkaido	Horokanai-cho, Uryu-gun, Hokkaido Pref., Japan	LC374418
18	in	*F. adippe pallescens*	*A. (F.) nagiae*	18. Hokkaido. Mashike	18_pallescens_Hokkaido	Mashike-cho, Mashike-gun, Hokkaido Pref., Japan	LC374419
20	in	*F. adippe pallescens*	*A. (F.) nagiae*	20. Hokkaido. Horokanai	20_pallescens_Hokkaido	Horokanai-cho, Uryu-gun, Hokkaido Pref., Japan	LC374420
21	in	*F. adippe pallescers*	*A. (F.) nagiae*	21. Hokkaido. Horokanai	21_pallescens_Hokkaido	Horokanai-cho, Uryu-gun, Hokkaido Pref., Japan	LC374421
22	in	*F. adippe pallescens*	*A. (F.) nagiae*	22. Hokkaido. Horokanai	22_pallescens_Hokkaido	Horokanai-cho, Uryu-gun, Hokkaido Pref., Japan	LC374422
23	in	*F. adippe pallescens*	*A. (F.) pallescens*	23. Hokkaido. Horokanai	23_pallescens_Hokkaido	Horokanai-cho, Uryu-gun, Hokkaido Pref., Japan	LC374423
27	in	*F. adippe pallescens*	*A. (F.) nagiae*	27. Miyazaki. Kirishima4	27_pallescens_Miyazaki	Suenaga, Ebino City, Miyazaki Pref., Japan	LC374425
28	in	*F. vorax*	*A. (F.) vorax*	28. Gangwon-do Korea	28_vorax_Korea	Gangwon-do, South Korea	LC374426
29	in	*F. adippe pallescens*	*A. (F.) nagiae*	29. Miyazaki. Kirishima2	29_pallescens_Miyazaki	Suenaga, Ebino City, Miyazaki Pref., Japan	LC374427
30	in	*F. adippe pallescens*	*A. (F.) nagiae*	30. Miyazaki. Kirishima3	30_pallescens_Miyazaki	Suenaga, Ebino City, Miyazaki Pref., Japan	LC374428
31	in	*F. vorax*	*A. (F.) vorax*	31. Korea Gangwon-do	31_vorax_Korea	Gangwon-do, South Korea	LC374429
32	in	*F. adippe pallescens*	*A. (F.) nagiae*	32. Mie. Matsusaka N1	32_pallescence_Mie	Mt. Ohora, Tsu City, Mie Pref., Japan	LC374430
33	in	*F. adippe pallescens*	*A. (F.) pallescens*	33. Mie. Matsusaka N3	33_pallescens_Mie	Mt. Obora, Tsu City, Mie Pref., Japan	LC374431
34	in	*F. adippe pallescers*	*A. (F.) pallescens*	34. Mie. Matsusaka N4	34_pallescens_Mie	Mt. Obora, Tsu City, Mie Pref., Japan	LC374432
35	in	*F. adippe pallescers*	*A. (F.) pallescens*	35. Mie Matsusaka. N5	35_pallescens_Mie	Mt. Obora, Tsu City, Mie Pref., Japan	LC374433
36	in	*F. adippe pallescens*	*A. (F.) pallescens*	36. Kumamoto Aso	36_pallescens_Kumamoto	Mt. Aso, Kumamoto Pref., Japan	LC374434
37	in	*F. niobe*	*A. (F.) niobe*	37. Russia. Vladivostok1	37_niobe_Russia	Vladivostok, Russia	LC374435
38	in	*F. niobe*	*A. (F.) niobe*	38. Russia. Vladivostok2	38_niobe_Russia	Vladivostok, Russia	LC374436
40	in	*F. adippe pallescens*	*A. (F.) pallescens*	40. Mie. Matsusaka N6	40_pallescens_Mie	Mt. Obora, Tsu City, Mie Pref., Japan	LC374437
41	in	*F. nerippe*	*A. (F.) nerippe*	41. Kumamoto. Aso Na1	41_nerippe_Kumamoto	Mt. Aso, Kumamoto Pref., Japan	LC374438
42	in	*F. nerippe*	*A. (F.) nerippe*	42. Kumamoto. Aso Na2	42_nerippe_Kumamoto	Mt. Aso, Kumamoto Pref., Japan	LC374439
43	in	*F. nerippe*	*A. (F.) nerippe*	43. Kumamoto. Aso Na3	43_nerippe_Kumamoto	Mt. Aso, Kumamoto Pref., Japan	LC374440
44	in	*F. nerippe*	*A. (F.) nerippe*	44. Kumamoto. Aso Na4	44_nerippe_Kumamoto	Mt. Aso, Kumamoto Pref., Japan	LC374441
45	in	*F. adippe pallescens*	*A. (F.) pallescens*	45. Niigata. Naeba1	45_pallescens_Niigata	Naeba, Mikuni, Yuzawa-machi, Minamiuonuma-gun, Niigata Pref., Japan	LC374442
47	in	*F. nerippe*	*A. (F.) nerippe*	47. Nagasaki. Kunimi	47_nerippe_Nagasaki	Kunimi, Sechibaru-cho, Nagasaki Pref., Japan	LC374444
48	in	*F. nerippe*	*A. (F.) nerippe*	48. Miyazaki. Hiro	48_nerippe_Miyazaki	Obeno, Ebino City, Miyazaki Pref., Japan	LC374445
49	in	*F. adippe pallescens*	*A. (F.) pallescens*	49. Fukuoka. Yamada	49_pallescens_Fukuoka	Yamada-machi, Kokurakita-Ku, Kitakyusyu City, Fukuoka Pref., Japan	LC374446
50	in	*F. adippe pallescens*	*A. (F.) pallescens*	50. Hiroshima. Sera	50_pallescens_Hiroshima	Seradaichi, Sera-cho, Sera-gun, Hiroshima Pref., Japan	LC374447
51	in	*F. adippe*	*A. (F.) adippe*	51. Sofia Bulgaria	51_adippe_Bulgaria	Sofia City, Bulgaria	LC374448
52	in	*F. niobe*	*A. (F.) niobe*	52. Russia. Sayan	52_niobe_Russia	Sayan Mtn., Russia	LC374449
53	in	*F. adippe pallescens*	*A. (F.) pallescens*	53. Gifu. Hida	53_pallescens_Gifu	Hida City, Gifu Pref., Japan	LC374450
54	in	*F. adippe pallescens*	*A. (F.) pallescens*	54. Hokkaido. Shiretoko1	54_pallescens_Hokkaido	Shiretoko, Shari-cho, Hokkaido Pref., Japan	LC374451
55	in	*F. adippe pallescens*	*A. (F.) pallescens*	55. Hokkaido. Shiretoko2	55_pallescens_Hokkaido	Shiretoko, Shari-cho, Hokkaido Pref., Japan	LC374452
56	in	*F. adippe*	*A. (F.) adippe*	56. Russia. Sayan1	56_adippe_Russia	Sayan Mtn., Russia	LC374453
57	in	*F. niobe*	*A. (F.) niobe*	57. Russia. Sayan2	57_niobe_Russia	Sayan Mtn., Russia	LC374454
58	in	*F. niobe*	*A. (F.) niobe*	58. Russia. Ussuri	58_niobe_Russia	Ussuri, Russia	LC374455
59	in	*F. vorax*	*A. (F.) vorax*	59. Korea Kayasan	59_vorax_Korea	Mt. Kaya, South Korea	LC374456
60	in	*F. niobe*	*A. (F.) niobe*	60. N. Korea. Haesan1	60_riobe_N_Korea	Haesan, North Korea	LC374457
61	in	*F. niobe*	*A. (F.) niobe*	61. N. Korea. Haesan2	61_niobe_N_Korea	Haesan, North Korea	LC374458
62	in	*F. niobe*	*A. (F.) niobe*	62. N. Korea. Haesan3	62_niobe_N_Korea	Haesan, North Korea	LC374459
63	in	*F. vorax*	*A. (F.) vorax*	63. Russia. Amur	63_vorax_Russia	Amur, Russia	LC374460
64	in	*F. adippe*	*A. (F.) adippe*	64. Russia. Sakhalin	64_adippe_Russia	Sakhalin Is., Russia	LC374461
66	in	*F. adippe*	*A. (F.) adippe*	65. France Pyrenees1	66_adippe_France	Pyrenees Mtn., France	LC374462
67	in	*F. adippe*	*A. (F.) adippe*	67. France Pyrenees 2	67_adippe_France	Pyrenees Mtn., France	LC374463
68	in	*F. niobe*	*A. (F.) niobe*	68. Hakubutukann 1954	68_niobe_Russia	Vladivostok, Russia	LC374464
69	in	*F. niobe*	*A. (F.) niobe*	69. Russia. Amur	69_niobe_Russia	Amur, Russia	LC374465
70	in	*F. niobe*	*A. (F.) niobe*	70. Russia. Sakhalin	70_niobe_Russia	Sakhalin Is., Russia	LC374466

71	in	F. vorax	A. (F.) vorax	71. Russia. Amur	71_vorax_Russia	Amur Russia	LC374467
72	in	F. adippe	A. (F.) adippe	72. Russia. Sakhalin	72_adippe_Russia	Sakhalin Is., Russia	LC374468
73	in	F. adippe	A. (F.) adippe	73. France Pyrenees 1	73_adippe_France	Pyrenees Mtn., France	LC374469
74	in	F. adippe	A. (F.) adippe	74. Bulgaria Sofia	74_adippe_Bulgaria	Sofia City, Bulgaria	LC374470
75	in	F. adippe	A. (F.) adippe	75. France Pyrenees 2	75_adippe_France	Pyrenees Mtn., France	LC374471
76	in	F. adippe	A. (F.) adippe	76. Russia. Sakhalin	76_adippe_Russia	Sakhalin Is., Russia	LC374472
77	in	F. adippe pallescens	A. (F.) nagiae	77. Gunma. Akagi	77_pallescens_Gunma	Mt. Akagi, Gunma Pref., Japan	LC374473
78	in	F. adippe pallescens	A. (F.) pallescens	78. Yamanashi. Motosu	78_pallescens_Yamanashi	L. Motosu, Fujikawaguchiko-machi, Minamitsuru-gun, Yamanashi Pref., Japan	LC374474
80	in	F. vorax	A. (F.) vorax	80. Korea Sobaeksan 3	80_vorax_Korea	Sobaeksan, Gyeongsangbuk-do, South Korea	LC374475
81	in	F. adippe pallescens	A. (F.) pallescens	81. Fukui Oono	81_pallescens_Fukui	Ono City, Fukui Pref., Japan	LC374476
82	in	F. adippe pallescens	A. (F.) kunikanei	82. Hokkaido. Fukushima3	82_pallescens_Hokkaido	Fukushima-cho, Matsumae-gun, Hokkaido Pref., Japan	LC374477
83	in	F. adippe pallescens	A. (F.) nagiae	83. Miya. kirishima	83_pallescens_Miyazaki	Suenaga, Ebino City, Miyazaki Pref., Japan	LC374478
84	in	F. adippe pallescens	A. (F.) pallescens	84. Kyoto Kitayama	84_pallescens_Kyoto	Kitayama, Kita-ku, Kyoto City, Kyoto Pref., Japan	LC374479
85	in	F. adippe	A. (F.) adippe	85. Tianshanica. Uzbekstan	85_adippe_Uzbekstan	Uzbekistan	LC374480
86	in	F. adippe pallescens	A. (F.) kunikanei	86. Hokkaido. Fukushima 33	86_pallescens_Hokkaido	Fukushima-cho, Matsumae-gun, Hokkaido Pref., Japan	LC374481
87	in	F. adippe pallescens	A. (F.) pallescens	87. Hokkaido. kitami 1	87_pallescens_Hokkaido	Kitami City, Hokkaido Pref., Japan	LC374482
88	in	F. adippe	A. (F.) adippe	88. Sakhalin. Russia	88_adippe_Russia	Sakhalin Is., Russia	LC374483
89	in	F. kamala	A. (F.) kamala	89. Srinagar India. kamala	89_kamala_India	Srinagar, Jammu and Kashmir, India	LC374484
90	in	F. niobe	A. (F.) niobe	90. xipe. Primorie. Russia	90_niobe_Russia	Primorsky, Russia	LC374485
91	in	F. adippe pallescens	A. (F.) pallescens	91. Hokkaido. Kitami 1	91_pallescens_Hokkaido	Kitami City, Hokkaido Pref., Japan	LC374486
92	in	F. adippe pallescens	A. (F.) pallescens	92. Hokkaido. Kita4	92_pallescens_Hokkaido	Kitami City, Hokkaido Pref., Japan	LC374487
93	in	F. adippe pallescens	A. (F.) nagiae	93. Hokkaido. Kitami 5	93_pallescens_Hokkaido	Kitami City, Hokkaido Pref., Japan	LC374488
94	in	F. adippe	A. (F.) adippe	94. Spain Zaragoza	94_adippe_Spain	Zaragoza, Zaragoza Pref., Spain	LC374489
97	in	F. adippe pallescens	A. (F.) pallescens	97. Miyazaki16 Kirishima	97_pallescens_Miyazaki	Suenaga, Ebino City, Miyazaki Pref., Japan	LC374492
98	in	F. adippe pallescens	A. (F.) pallescens	98. Miyazaki Kirisima. 1	98_pallescens_Miyazaki	Suenaga, Ebino City, Miyazaki Pref., Japan	LC374493
99	in	F. adippe pallescens	A. (F.) pallescens	99. kagoshima Kirishima. 3	99_pallescens_Kagoshima	Mt. Kirishima, Kagoshima Pref., Japan	LC374494
100	in	F. adippe pallescens	A. (F.) pallescens	100. Kagoshima Kirishima. 4	100_pallescens_Kagoshima	Mt. Kirishima, Kagoshima Pref., Japan	LC374495
101	in	F. adippe pallescens	A. (F.) nagiae	101. Miyazaki Kirishima5	101_pallescens_Miyazaki	Suenaga, Ebino City, Miyazaki Pref., Japan	LC374496
102	in	F. adippe pallescens	A. (F.) pallescens	102. Miyazaki Kirishima. 6	102_pallescens_Miyazaki	Suenaga, Ebino City, Miyazaki Pref., Japan	LC374497
103	in	F. adippe pallescens	A. (F.) kunikanei	103. Hime Sengen Hokkaido	103_pallescens_Hokkaido	Sengen, Fukushima-cho, Matsumae-gun, Hokkaido Pref., Japan	LC374498
104	in	F. adippe pallescens	A. (F.) kunikanei	104. Hime Sengen Hokkaido	104_pallescens_Hokkaido	Sengen, Fukushima-cho, Matsumae-gun, Hokkaido Pref., Japan	LC374499
105	in	F. adippe pallescens	A. (F.) pallescens	105. Tashirodaira. Aomori	105_pallescens_Aomori	Tashirodaira, Tasiro, Aomori City, Aomori Pref., Japan	LC374500
106	in	F. adippe pallescens	A. (F.) pallescens	106. Miyazaki. 920A	106_pallescens_Miyazaki	Gokasho, Takachiho-cho, Nishiusuki-gun, Miyazaki Pref., Japan	LC374501
107	in	F. adippe pallescens	A. (F.) pallescens	107. Miyazaki. 920B	107_pallescens_Miyazaki	Gokasho, Takachiho-cho, Nishiusuki-gun, Miyazaki Pref., Japan	LC374502
108	in	F. adippe pallescens	A. (F.) pallescens	108. Asamushi. Aomori1	108_pallescens_Aomori	Asamushi, Aomori City, Aomori Pref., Japan	LC374503
109	in	F. adippe pallescens	A. (F.) nagiae	109. Asamushi. Aomori2	109_pallescens_Aomori	Asamushi, Aomori City, Aomori Pref., Japan	LC374504
110	in	F. adippe pallescens	A. (F.) pallescens	110. Asamushi. Aomori3	110_pallescens_Aomori	Asamushi, Aomori City, Aomori Pref., Japan	LC374505
111	in	F. adippe pallescens	A. (F.) pallescens	111. Asamushi. Aomori4	111_pallescens_Aomori	Asamushi, Aomori City, Aomori Pref., Japan	LC374506
112	in	F. adippe pallescens	A. (F.) pallescens	112. Asamushi. Aomori5	112_pallescens_Aomori	Asamushi, Aomori City, Aomori Pref., Japan	LC374507
115	in	F. adippe pallescens	A. (F.) pallescens	115. Miyazaki Kirishima 2	115_pallescens_Miyazaki	Suenaga, Ebino City, Miyazaki Pref., Japan	LC374508
116	in	F. adippe pallescens	A. (F.) pallescens	116. Tashirodaira. Aomori	116_pallescens_Aomori	Asamushi, Aomori City, Aomori Pref., Japan	LC374509
117	in	F. adippe pallescens	A. (F.) pallescens	117. Shiozuka. Shikoku	117_pallescens_Shikoku	Shiozuka Highland, Shingu-cho, Shikokuchuo City, Ehime Pref., Japan	LC374510
118	in	F. adippe pallescens	A. (F.) pallescens	118. Shiozuka. Shikoku	118_pallescens_Shikoku	Shiozuka Highland, Shingu-cho, Shikokuchuo City, Ehime Pref., Japan	LC374511
119	in	F. vorax leechi	A. (F.) leechi	119. vorax. lee. Mureisan China	119_v_leechi_China	Mureisan, Tangshan City, Hebei, China	LC374512
120	in	F. adippe	A. (F.) adippe	120. UG. Mongolia Bulgan. 2	120_adippe_Mongolia	Bulgan City, Mongolia	LC374513
121	in	F. vorax leechi	A. (F.) leechi	121. vorax. lee. Xian China	121_v_leechi_China	Xi'an City, Shaanxi, China	LC374514
122	in	F. vorax leechi	A. (F.) leechi	122. vorax. lee. Mureisan China	122_v_leechi_China	Mureisan, Tangshan City, Hebei, China	LC374515
123	in	F. adippe	A. (F.) adippe	123. UG. Bayan . Mongolia	123_adippe_Mongolia	Bayan, Mongolia	LC374516
124	in	F. adippe	A. (F.) adippe	124. UG. Dakan . Mongolia1	124_adippe_Mongolia	Darkhan, Mongolia	LC374517
125	in	F. niobe	A. (F.) niobe	125. UG. Onsen. Mongolia1	125_niobe_Mongolia	Onsen, Mongolia	LC374518
126	in	F. niobe	A. (F.) niobe	126. UG. Terelj Mongolia 2	126_niobe_Mongolia	Terelj, Mongolia	LC374519
127	in	F. adippe	A. (F.) adippe	127. UG. Mongolia. Terelj3	127_adippe_Mongolia	Terelj, Mongolia	LC374520
128	in	F. niobe	A. (F.) niobe	128. UG. Terelj Mongolia 4	128_niobe_Mongolia	Terelj, Mongolia	LC374521
129	in	F. adippe	A. (F.) adippe	129. UG. Dokan Mongolia 2. 3	129_adippe_Mongolia	Dokan, Mongolia	LC374522
131	in	F. vorax leechi	A. (F.) leechi	131. vorax. leechi. Beijin China	131_v_leechi_China	Beijing, China	LC374524
132	in	F. vorax leechi	A. (F.) leechi	132. vorax. leechi. S3	132_v_leechi_China	South Liaoning, China	LC374525
133	in	F. vorax leechi	A. (F.) leechi	133. vorax. leechiS4 Liaoning	133_v_leechi_China	South Liaoning, China	LC374526
134	in	F. niobe	A. (F.) niobe	134. TF4. Jirin China	134_niobe_China	Jilin, China	LC374527
135	in	F. xipe	A. (F.) xipe	135. TF5. xipe Khatgal Mongolia	135_xipe_Mongolia	Khatgal, Kh?vsg?l Pref., Mongolia	LC374528
136	in	F. niobe	A. (F.) niobe	136. A. niobe. Heilongjiang China	136_niobe_China	Heilongjiang, China	LC374529
137	in	F. niobe	A. (F.) niobe	137. UG. Wonsan N. Korea5	137_niobe_N_Korea	Wonsan, Kangwonpuk-do, North Korea	LC374530
138	in	F. xipe	A. (F.) xipe	138. UG. Wonsan N. Korea6	138_xipe_N_Korea	Wonsan, Kangwonpuk-do, North Korea	LC374531
139	in	F. vorax leechi	A. (F.) leechi	139. UG. Liaoning9. China	139_v_leechi_China	Liaoning, China	LC374532
140	in	F. niobe	A. (F.) niobe	140. UG. Heilongjiang China	140_niobe_China	Heilongjiang, China	LC374533
141	in	F. vorax	A. (F.) takahashii	141. UG. Jeju. Korea	141_vorax_Korea	Jeju-do, South Korea	LC374534
142	in	F. vorax	A. (F.) takahashii	142. UG. Jeju. Korea 2	142_vorax_Korea	Jeju-do, South Korea	LC374535

143	in	F. vorax leechi	A. (F.) leechi	143. UG. Liaoning China 10	143_v_leechi_China	Liaoning, China	LC374536
144	in	F. xipe	A. (F.) xipe	144. UG. Mong. Khatgal TF10	144_xipe_Mongolia	Khatgal, Khövsgöl Pref., Mongolia	LC374537
145	in	F. xipe	A. (F.) xipe	145. UG. Mong Khatgal TF12	145_xipe_Mongolia	Khatgal, Khövsgöl Pref., Mongolia	LC374538
146	in	F. niobe	A. (F.) niobe	146. UG. Heilongjiang China 1	146_niobe_China	Heilongjiang, China	LC374539
147	in	F. xipe	A. (F.) xipe	147. UG. Mong Khatgal TF7	147_xipe_Mongolia	Khatgal, Khövsgöl Pref., Mongolia	LC374540
148	in	F. xipe	A. (F.) xipe	148. UG. MongT Khatgal F8	148_xipe_Mongolia	Khatgal, Khövsgöl Pref., Mongolia	LC374541
149	in	F. niobe	A. (F.) niobe	149. UG. Heilongjiang China 8	149_niobe_China	Heilongjiang, China	LC374542
150	in	F. niobe	A. (F.) niobe	150. UG. Heilongjiang . China 7	150_niobe_China	Heilongjiang, China	LC374543
151	in	F. niobe	A. (F.) niobe	151. UG. Heilongjiang . China T8	151_niobe_China	Heilongjiang, China	LC374544
153	in	F. adippe pallescens	A. (F.) pallescens kandai	153. UG. Okushiri . Hokkaido	153_pallescens_Hokkaido	Okushiri Is., Hokkaido Pref., Japan	LC374546
154	in	F. adippe	A. (F.) adippe	154. T1. Tenchi China	154_adippe_China	Tenchi Uyghur, China	LC374547
155	in	F. adippe	A. (F.) adippe	155. UG-T11 adippe Tenchi China	155_adippe_China	Tenchi Uyghur, China	LC374548
156	in	F. adippe	A. (F.) adippe	156. T3. aippe Tenchi China	156_adippe_China	Tenchi Uyghur, China	LC374549
157	in	F. adippe	A. (F.) adippe	157. UG-T11 adippe Tenchi China	157_adippe_China	Tenchi Uyghur, China	LC374550
158	in	F. vorax leechi	A. (F.) leechi	158. Myokosan. China	158_v_leechi_China	Myokosan, China	LC374551
160	in	F. adippe	A. (F.) adippe	160. T5. Tenchi China	160_adippe_China	Tenchi Uyghur, China	LC374552
162	in	F. vorax leechi	A. (F.) leechi	162. UGM3. Liaoning China leechi	162_v_leechi_China	Liaoning, China	LC374554
163	in	F. vorax leechi	A. (F.) leechi	163. UGM4. Liaoning China	163_v_leechi_China	Liaoning, China	LC374555
164	in	F. niobe	A. (F.) niobe	164. UGM5. Liaoning	164_niobe_China	Liaoning, China	LC374556
165	in	F. vorax	A. (F.) vorax	165. UGM6. Liaoning China	165_vorax_China	Liaoning, China	LC374557
166	in	F. vorax	A. (F.) vorax	166. UGM7. Liaoning China	166_vorax_China	Liaoning, China	LC374558
168	in	F. vorax	A. (F.) vorax	168. UGM11. Heilongjiang ko China	168_vorax_China	Heilongjiang China	LC374561
169	in	F. vorax	A. (F.) vorax	169. UGM13. Heilongjiang ko. Chin	169_vorax_China	Heilongjiang China	LC374562
170	in	F. vorax	A. (F.) vorax	170. UGM16. Jirin China	170_vorax_China	Jilin, China	LC374563
171	in	F. vorax	A. (F.) vorax	171. UGM18. Jirin China	171_vorax_China	Jilin, China	LC374564
172	in	F. vorax	A. (F.) vorax	172. UGM19. Jirin China	172_vorax_China	Jilin, China	LC374565
173	in	F. niobe	A. (F.) niobe	173. UGM20. Jirin China	173_niobe_China	Jilin, China	LC374566
174	in	F. vorax	A. (F.) vorax	174. UGM21. Jirin China	174_vorax_China	Jilin, China	LC374567
175	in	F. vorax	A. (F.) vorax	175. UGM22. Jirin China	175_vorax_China	Jilin, China	LC374568
176	in	F. vorax	A. (F.) vorax	176. UGM23. Beijing China	176_vorax_China	Beijing, China	LC374569
177	in	F. vorax	A. (F.) vorax	177. UGM24. Beijing China	177_vorax_China	Beijing, China	LC374570
178	in	F. vorax	A. (F.) vorax	178. UGM25. Beijing China	178_vorax_China	Beijing, China	LC374571
179	in	F. vorax leechi	A. (F.) leechi	179. UGM26. Beijing China	179_v_leechi_China	Beijing, China	LC374572
180	in	F. vorax leechi	A. (F.) leechi	180. UGM27. Beijing China	180_v_leechi_China	Beijing, China	LC374573
181	in	F. vorax	A. (F.) vorax	181. UGM28. Beijing. China	181_vorax_China	Beijing, China	LC374574
182	in	F. vorax	A. (F.) vorax	182. UGM29. Beijing China	182_vorax_China	Beijing, China	LC374575
183	in	F. vorax	A. (F.) vorax	183. UGM30. Beijing. China 12. 30	183_vorax_China	Beijing, China	LC374576
184	in	F. vorax leechi	A. (F.) leechi	184. Ta6. Mureisan. 8. 2China	184_v_leechi_China	Mureisan, Tangshan City, Hebei, China	LC374577
186	in	F. nerippe	A. (F.) nerippe	186. C3 Shandong China 8. 26	186_nerippe_China	Shandong, China	LC374578
187	in	F. vorax leechi	A. (F.) leechi	187. X3. Hebei. China. TTC	187_v_leechi_China	Hebei, China	LC374579
188	in	F. vorax leechi	A. (F.) leechi	188. X4. Hebei. China	188_v_leechi_China	Hebei, China	LC374580
189	in	F. vorax leechi	A. (F.) leechi	189. X5. Hebei. China	189_v_leechi_China	Hebei, China	LC374581
190	in	F. niobe	A. (F.) niobe	190. X6. Hebei. China	190_niobe_China	Hebei, China	LC374582
167a	in	F. vorax	A. (F.) vorax	167a. UGM9. Heilongjiang ko China	167a_vorax_China	Heilongjiang, China	LC374559
167b	in	F. vorax	A. (F.) vorax	167b. UGM10. Heilongjiang ko China	167b_vorax_China	Heilongjiang, China	LC374560
46a	in	F. adippe pallescens	A. (F.) nagiae	46a. Niigata. Naeba2	46_pallescens_Niigata	Naeba, Mikuni, Yuzawa-machi, Minamiuonuma-gun, Niigata Pref., Japan	LC374443
10	out	Speyeria aglaja basaris	A. (Speyeria) aglaja	10. Okaya. Takabocchi	10_aglaja_Nagano	Mt. Takabotti, Okaya City, Nagano Pref., Japan	LC374411
15	out	Argynnis paphia tsushimana	A. (Argynnis) paphia	15. Tsushima Nagasaki	15_paphia_Nagasaki	Tsushima, Nagasaki Pref., Japan	LC374416
26	out	Argyronome ruslana	A. (Argyronome) ruslana	26. Miyazaki. Kobayashi	26_ruslana_Miyazaki	Suki, Kobayashi City, Miyazaki Pref., Japan	LC374424
95	out	Speyeria aglaja	A. (Speyeria) aglaja	95. Shiozuka. Shikoku	95_aglaja_Ehime	Shiozuka Highland, Shingu-cho, Shikokuchuo City, Ehime Pref., Japan	LC374490
96	out	Speyeria aglaja	A. (Speyeria) aglaja	96. Sayan. Russia	96_aglaja_Russia	Sayan MtR., Russia	LC374491
130	out	Argynnis paphia	A. (Argynnis) paphia	130. UG. Terelj Mongolia 5. 6	130_paphia_Mongolia	Terelj, Mongolia	LC374523
152	out	Speyeria aglaja	A. (Speyeria) aglaja	152. Ginboshi. Tienshan China	152_aglaja_China	Tienshan, China	LC374545
161	out	Childrena childreni	A. (Argynnis) childrena	161. Miyama. UG (Childrena)Yanji China	161_childorena_China	Yanji, Jilin, China	LC374553

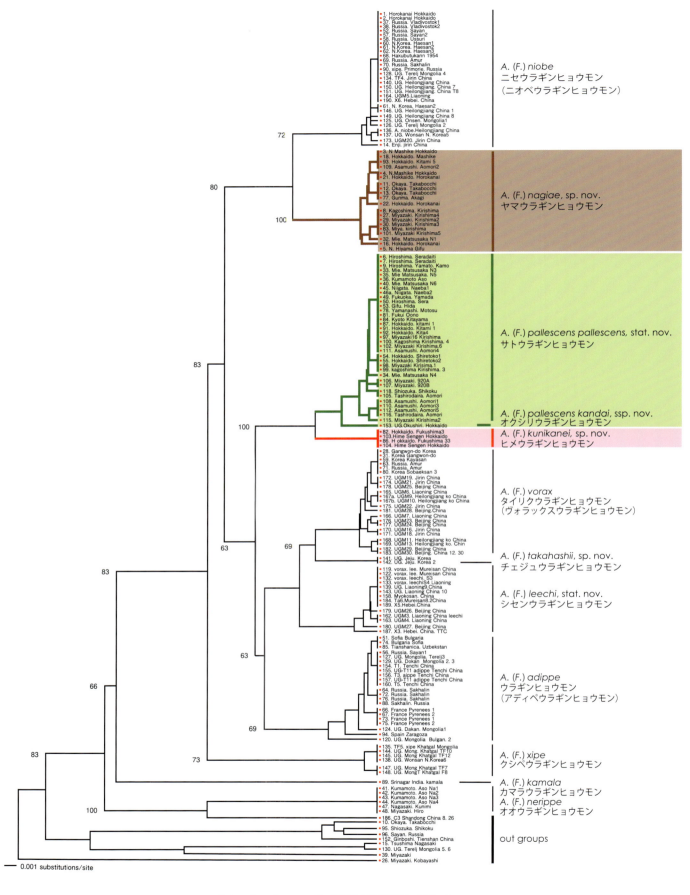

Figure 1 *Argynnis* ND5 UPGMA NJ - tree

(By T. Shinkawa, 2017)

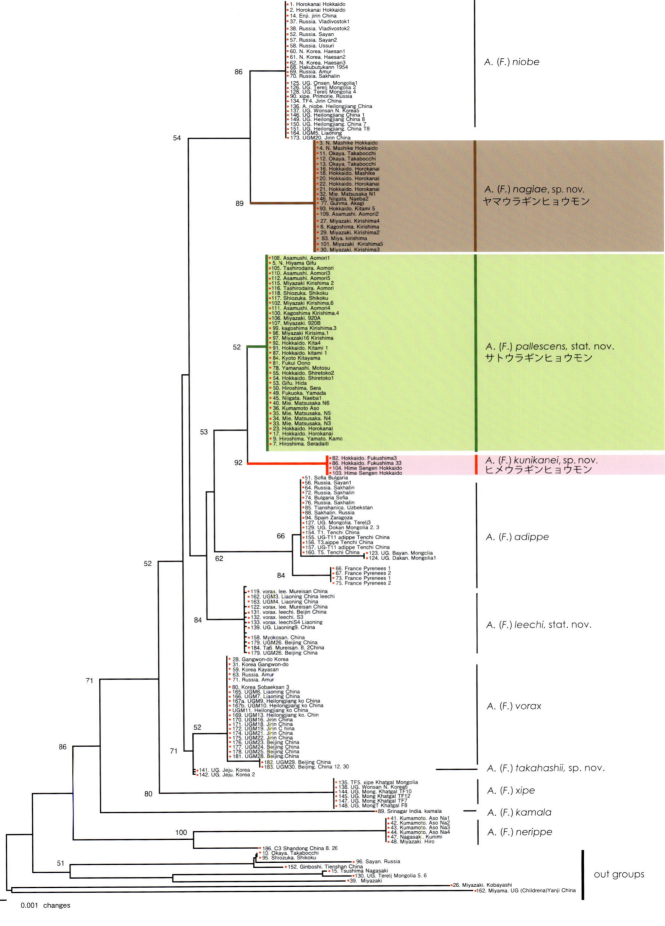

Figure 2 *Argynnis* amino acid ND5 NJ - tree

(By T. Shinkawa, 2017)

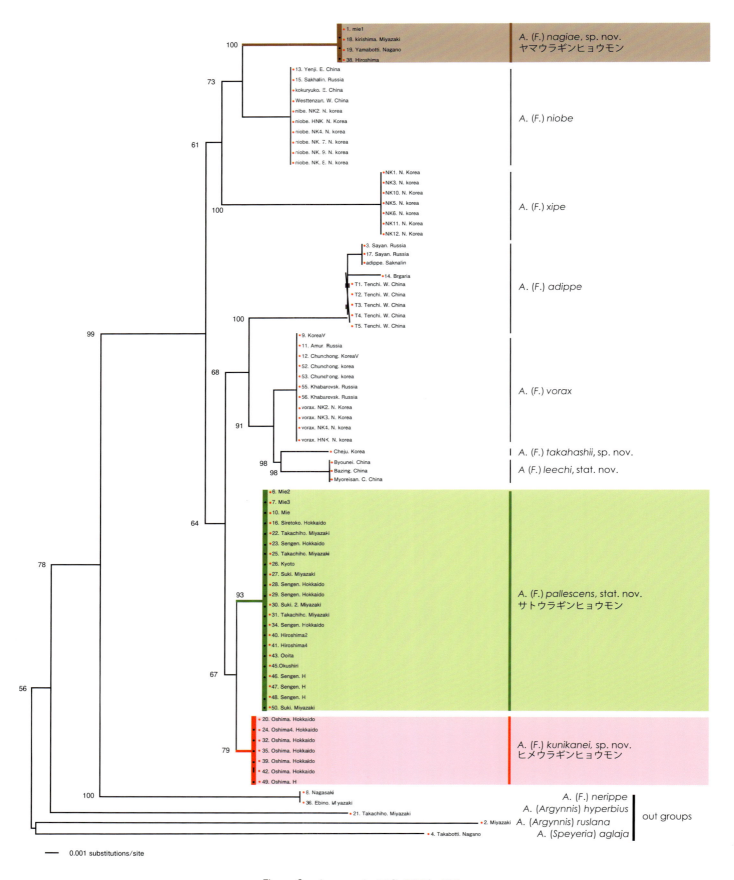

Figure 3 *Argynnis* 16SrRNA NJ - tree

(By T. Shinkawa, 2017)

形態や紋様からの区別は困難なことが多く，精度の高い分子系統樹における種間関係からの判断が重要である．

　以上のことから，日本のウラギンヒョウモンは A. adippe 種群ではなく，A. niobe 種群と A. pallescens 種群の混在した集団であることが判明し，再分類することとなった．

種 及び亜種記載

　A. niobe 種群と A. pallescens 種群の2種群中に認められた複数の集合体については，明らかに形態及び生態等に差異が認められるため，種昇格1種と2新種，1新亜種の記載をする．

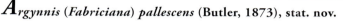

Argynnis (*Fabriciana*) *pallescens* (Butler, 1873), stat. nov.
和名：サトウラギンヒョウモン（新称）　Sato - Uraginhyōmon

　初記載された日本産ウラギンヒョウモンの Type - locality は，「Hadodadi Japan」となっており北海道函館産と判断するのが自然である．このタイプ標本（Figure 10, 1・2，英国自然史博物館蔵）は翅形が横長及び前翅外縁のくびれ（湾曲）等の特徴が良くあらわれている個体であり，分析した函館市周辺の A. pallescens 種群の個体と同様と認められる．これを Argynnis (Fabriciana) pallescens と認定し，A. pallescens 種群は複数種の集合体であったので，その内の1種を Argynnis (Fabriciana) pallescens（Butler, 1873）（サトウラギンヒョウモン）として記載当時に戻し種昇格とした．

診断形質

　♂♀とも前翅翅端が横に広がり，前翅外縁中央部がくびれる傾向が強い．A. niobe 系統のものと異なり，♂の性標にある scent scale（香鱗）は毛状の長い香鱗1種類である．♂交尾器は，valva 内側の ampulla 先端突起が上縁に達しない．

記載

　成虫の開張，前翅長は各々，北海道産♂が，45 - 56mm，26 - 32mm，♀は 55 - 56mm，34 - 36mm，九州産♂が 53 - 70mm，29 - 32mm，♀ 64 - 71mm，35 - 39mm．一般的に北海道産は小さく，西日本では大型個体の多くなる傾向がある．個体差は大きく，北海道産は同様に大型の個体も出現することがある．

　全体的にこのグループは個体変異が著しく，確実に翅形や斑紋のみで識別することは難しいが，特徴的な個体ではある程度可能である．すなわち，♂♀とも総じて翅形が横長で，前翅外縁部のくびれが大きくなる個体が多い．♂の前翅表面の4室，後翅表面の4, 6室の黒紋は縮小或いは消失する傾向があり，前翅縁毛は白色毛の混じる割合が大きく，後翅裏面基部の銀紋は明瞭に発現する個体が多い．♀は♂同様前翅表面の4室，後翅表面の4, 6室の黒紋は縮小或いは消失する傾向があるが，逆に拡大する個体もある．また，後翅裏面については，茶 - 赤褐色斑列（方形斑列）はそれぞれ分離，全体的に銀紋の発達する傾向が強い（Figure 6, 1 - 6）．

　♂前翅の性標にある香鱗は，細長い毛状のものが多数見られ，頸部から房先端に向けて房軸が急に狭まる（Figure 4, 1・4）．このことは，交尾器のほか国内産の種を識別するための有効な手段となる．

　♂交尾器は他2種ともに変異幅が少なくないが，次の点に特徴が見られる．真横から見た tegmen は，上部において直線状で，頸部の部分は細い．その背面の延長上と uncus 先端方向の開き具合は，鋭角に近くなる．また，uncus はやや細く，直線状になる個体が多く，背面先端部の突起は明らかに尖る（Figure 8, 1）．valva は，内面の ampulla 基部にある遊離した突起の先が，valva の上縁部には達せず，内面の形は台形に近い（Figure 9, 1）．

被検標本

Fukuro Suki Kobayashi - City, Miyazaki Pref., Japan: 6 ♂, 6. June. 2009, I. Iwasaki Leg. ; Gokasyokōgen Takachiho - Chō, Miyazaki Pref., Japan : 16 ♂, 14. June. 2014, I. Iwasaki Leg. ; Kuwanouchi Gokase - Chō, Miyazaki Pref., Japan : 23 ♂ 1 ♀, 18. June. 2006, I. Iwasaki Leg. ; Kirishimakaitaku, Ebino - City, Miyazaki Pref., Japan : 1 ♂, 5. June. 2004, I. I wasaki Leg. ; Yoshibu Kokonoe - Chō, Oita Pref., Japan : 7 ♂, 4. July. 2009, I. Iwasaki Leg. ; Sanbesan Ota - City, Shimane Pref., Japan : 4 ♂ 1 ♀, 13.

June. 2005, H. Hashimoto Leg. ; Suzurangaoka - Chō, Hakodate - City, Hokkaido Pref., Japan : 11 ♂, 4. July. 2007, I. Iwasaki Leg. ; Yunosato Shiriuchi - Chō, Hokkaido Pref., Japan : 4 ♂, 30. June. 2007, I. Iwasaki Leg. ; Nakazakirindo Otobe - Chō, Hokkaido Pref., Japan: 4 ♂, 16. July. 2006, N. Kunikane Leg. ; Chibaberi Rumoi - City, Hokkaido Pref., Japan : 4 ♂, 17. June. 2014, Nonaka Leg. ;

分布
北海道，本州，四国，九州．その他の島嶼では佐渡島，国後島に記録がある．

生態
成虫は平地から高標高地まで広範囲に生息し 特に疎林のある開けた草原を好む．九州南部では5月中旬前後から発生し，次種より早い傾向がある．ノアザミ，タムラソウなどのアザミ類やトラノオ類など各種の花に訪花する．

蛹化前の老熟幼虫は造巣性が顕著である．植物や枯れ葉，細い枯れ茎などを用いて吐糸で網目状に綴り，蛹化空間を造る習性がある（Figure 5, 1・2）．この行動は，ギンボシヒョウモン（川副・若林，1979）のほかA. (F.) vorax（新川，未発表）でも確認されている．

なお，環境の変化等により，1980年以降，西日本各地の低地では減少している．

Argynnis (Fabriciana) nagiae, sp. nov.
和名：ヤマウラギンヒョウモン（新称）　Yama - Uraginhyōmon

診断形質
翅形は前翅翅端が外側に広がらず，前翅外縁中央部はくびれが小さく直線的な個体が多く，後翅裏面中央部に明斑 - 黄色斑の出現する傾向が強い．♂の香鱗は長い毛状のほかに，短く太い（時には短く細い）2種類の存在が特徴である．♂交尾器は，ampulla先端部突起は，valva上縁部に達する．

記載
タイプ産地の九州産♂は，開張52 - 60mm，前翅長31 - 39mm，同♀は，開張54 - 59mm，前翅長33 - 36mmで，北に向かうほど小型の個体が多くなる．北海道産は特に小さな個体が多く，♂は開張44 - 53mm，前翅長28 - 33mm程度であるが，時に大型個体の出現することがある．特徴的な個体の♂は，前翅外縁のくびれは小さく，直線状となる．前翅表面の4室，後翅表面の4，6室の黒紋は明瞭となる傾向があり，そのうちに後翅裏面6室の黒紋は安定している．前翅縁毛は茶色毛の混じる割合が大きく，後翅裏面基部の銀紋は基部まで到達せず，縮小する個体も多い．♀も前翅表面5室，後翅表面4，6室の黒紋は明瞭，後翅裏面の茶 - 赤褐色斑列（方形斑列）は一部融合し発達する傾向がある．また，♂は後翅裏面中央部の緑色地色に明斑あるいは黄色斑が出現する傾向が強い（Figure 6, 7 - 12）．

♂の香鱗は2種類あり，毛状の長いものと短いものとがある．通常，短い香鱗は短く太いが，時には短く細いものもある（Figure 4, 3・7・8）．♂の交尾器は次の点に特徴が見られる．すなわち，真横から見たtegmenは，上部が少し盛り上がり，首の部分は太い．その背面の延長上とuncus先端方向の開き具合は，鈍角となる．また，uncusは太く下向きにやや曲がる個体が多く，背面先端部の突起は尖らず，幾つかの小さな棘状突起のあるものが見られる（Figure 8, 2）．valva内側のampulla基部にある突起の先はvalvaの上縁部付近に達する．また，valvaの内面形状は横長で長方形に近く，その後方上部先端部に3本のかぎ爪を持つ個体がある（Figure 9, 2）．

被検標本
Holotype. ♂ (Figure 6, 7・10) : Kirishimakaitaku, Ebino - City, Miyazaki Pref., Japan, 5. June. 2004, I. Iwasaki Leg. (in The University Museum,The University of Tokyo).

Paratypes.14 ♂ 3 ♀
Kirishimakaitaku, Ebino - City, Miyazaki Pref., Japan: 1 ♂, 5. June. 2004, I. Iwasaki Leg. ; 1 ♂, 7. June. 2004, I. Iwasaki Leg. ; 1 ♂, 3. June. 2006, I. Iwasaki Leg. and Kirishimataguchi Kirishima - City, Kagoshima Pref., Japan: 2 ♂, 6. June. 2015 and Mt. Soranno Saito - City, Miyazaki Pref., Japan: 1 ♀, 12. Nov. 2006, I. Iwasaki Br. and Ebinokogen, Ebino - City, Miyazaki Pref., Japan:1 ♀, 1.

Feb. 2007, I. Iwasaki Br. (in The University Museum, The University of Tokyo).

Kirishimakaitaku, Ebino - City, Miyazaki Pref., Japan : 1 ♂, 28. May. 2005, I. Iwasaki Leg. ; 1 ♂, 3. June. 2005, I. Iwasaki Leg. (in The Miyazaki Prefectural Museum of Nature and History)

Kirishimataguchi, Kirishima - City, Kagoshima Pref., Japan : 2 ♂, 6. June. 2015 (in The Kagoshima Prefectural Museum)

Ojibaru, Takaharu-chō, Miyazaki Pref., Japan: 1 ♂, 19. June. 1989, I. Iwasaki Leg. and Shikimihara, Takachiho-Chō, Miyazaki Pref., Japan : 1 ♂, 13. June. 2004, I. Iwasaki Leg. and Mt. Soranno, Saito - City, Miyazaki Pref., Japan : 1 ♀, 25. Nov. 2006, I. Iwasaki Br. and Yoshimuta, Ebino - City, Miyazaki Pref., Japan : 1 ♂, 10. June. 2007, I. Iwasaki Leg. and Kirishimataguchi, Kirishima - City, Kagoshima Pref., Japan : 2 ♂, 6. June. 2015 (in The Iwasaki Collection)

分布

北海道, 本州, 四国, 九州.

生態

西日本では, 内陸部や標高 800m 以上の高地に見られることが多く, 北海道や青森県などの北日本では低地にも生息している. *A. (F.) pallescens* と混棲することが多く, 発生がより遅くなる傾向あり, 九州南部では, 5月下旬から6月にかけて羽化する. 樹林のある閉鎖的な草地環境や空間, 路脇, 裸地などに飛来し, ノアザミやウツギなどで吸蜜する個体が多い. 老熟幼虫による造巣性が見られ, 枯れ葉や細茎などを吐糸で引き寄せて蛹化空間を造るが, 時に全く露出して蛹化する個体がいる. 全体的に細かな糸をかなり吐き, 吐糸による網目模様は上面のみに造る傾向がある.

語源

種小名は新川勉の妻で研究用資料の収集に尽力した新川なぎ氏に因む.

Argynnis (Fabriciana) kunikanei, sp.nov.

和名：ヒメウラギンヒョウモン（新称）Hime - Uraginhyōmon

既存の亜種で渡島半島南西部を Type - locality とするものはない.

診断形質

♂前翅外縁のくびれは小さく, その肛角部上端が突出し, 全体翅形が四角状になる個体が多い. 細長い毛状の香鱗は, 頸部及び房軸基部が太い. ♂交尾器は, valva 内側の ampulla 基部にある遊離した突起形状の下部が広がり, valva 内面の後方上部先端には小さく透明な1本のかぎ爪がある.

記載

♂の開張 46 - 54mm, 前翅長 29 - 34mm, ♀の開張 29 - 33mm, 前翅長 29 - 33mm. ♂♀とも外部形態は, 前2種と重なる部分が多く, 翅形や斑紋のみでの識別は注意を要する.

特徴的な個体の♂は, 前翅外縁のくびれは小さく, その肛角部上端が突出し, 全体翅形が四角状になりやや小型の個体が多い. 翅裏面の色調は赤味を帯びて明るく, 一見ツマグロヒョウモン♂のような個体もいる. 前翅裏面先端部5・6室の茶褐色紋（方形2紋）は, 北海道に産する前2種と比較し, 赤味が強くなる傾向がある. 後翅裏面の茶 - 赤褐色斑列（方形斑列）は各々切れのある明瞭な赤い四角形になることが多いが, 九州産などの *A. (F.) nagiae* や *A. (F.) pallescens* にも酷似した個体もいる. ♂♀とも前翅表面の4室, 後翅表面の4, 6室の黒紋は縮小或いは消失する個体があり, 後翅裏面基部中央部の銀紋は基部方向まで伸びる個体も少なくない. ♀も全体翅形が四角状となる傾向があり, 後翅裏面の茶 - 赤褐色斑列は特に赤味が強く, 融合し発達する傾向がある (Figure 7, 13 – 18).

長い毛状の香鱗は, *A. (F.) pallescens* や *A. (F.) nagiae* と同様にあり, 短く太い香鱗は存在しない. その香鱗は, 一見 *A. (F.) pallescens* と似ているが, 頸部及び房軸基部が太くなる特徴がある (Figure 4, 2·6).

♂交尾器は前2種と酷似しており, 次の点に差違が見られる. 真横から見た tegmen は, 上部において少し盛り上がり頸部は

細い．uncus 基部はやや太く，くちばし状に曲がる個体があり，背面先端部の突起は尖るものが多い（Figure 8, 3）．valva 内側の ampulla 基部にある遊離した突起形状は，下部が広がり，その先端部は valva の上縁部には達せず中間にある．また，valva 内面の後方上部先端には小さく透明な 1 本のかぎ爪を持っている（Figure 9, 3）．

被検標本

Holotype. ♂ (Figure 7, 13・16)：Sengen, Fukushima Chō, Hokkaido, Japan, 3. Nov. 2005, I. Iwasaki Br., The butterflys of mothers' DNA analysis (in The University Museum, The University of Tokyo).

Paratypes. 14 ♂ 2 ♀

Sengen, Fukushima Chō, Hokkaido, Japan: 1 ♂, 2. July. 2007, I. Iwasaki Leg. ; 1 ♂, 15. June. 2007, N. Kunikane Br. (in The Shinkawa Collection).

Sengen, Fukushima Chō, Hokkaido, Japan: 1 ♂, 30. June. 2006, I. Iwasaki Leg. ; 1 ♂, 3. July, 2005, N. Kunikane Leg. (in The Kunikane Collection).

Sengen, Fukushima Chō, Hokkaido, Japan : 1 ♂, 17. June. 2005, I. Iwasaki Leg. ; 1 ♀, 17. June. 2007, N. Kunikane Br. and Tatenosawa - Rindo, Fukushima Chō, Hokkaido, Japan: 1 ♂, 17. July. 2005, I. Iwasaki Leg. (in The Iwasaki Collection)

分布

北海道南西部（渡島半島）の一部．

生態

通常，成虫は 6 月中下旬からの発生と見られる．基本的な行動は *A. (F.) pallescens* と同じで，アカツメクサやアザミなどの草本の花を好んで吸蜜する．蛹化前造巣性があるかないかについては確認されていないが，自然状態でアキタブキの裏面に垂蛹となっている個体が観察されている．

語源

種小名は，標本収集，生態的な解明に貢献した國兼信之氏に因む．

Argynnis (Fabriciana) pallescens kandai, ssp. nov.
和名：サトウラギンヒョウモン奥尻亜種　Sato - Uraginhyōmon Is. Okushiri subspecies
　　（オクシリウラギンヒョウモン）

これまで，奥尻島を Type - locality とする種記載はない．
本種を *Argynnis (Fabriciana) pallescens kandai,* ssp. nov. サトウラギンヒョウモン奥尻亜種として亜種記載する．

診断形質

A. (F.) p. pllescens と同じような個体変異をしめす．翅裏面銀紋のやや発達する個体が多い。特に♀は，後翅裏面中室などの銀紋が総じて発達する傾向がある．香鱗は，房軸の長いものが見られる．

記載

♂の開張 46 - 56mm，前翅長 28 - 33mm，♀の開張 50 - 53mm，前翅長 32 - 34mm．♂の翅形は，特徴的な *A. (F.) kunikanei* 似から *A. (F.) p. pallescens* 似まで混合しており，*A. (F.) nagiae* に似た個体はほとんどない．前翅縁毛は白色毛の混じる割合が大きい．♀は *A. (F.) kunikanei* に似て四角状となる傾向がある．また，裏面の色調は，♂では個体変異が多く，♀では暗赤色化し，後翅裏面基部や中室の銀紋は明瞭で，銀紋全体が発達する傾向がある（Figure 7, 19 - 24）．

また，香鱗は *A. (F.) p. pallescens* とほとんど同じであるが，房軸の長いものが見られる（Figure 4, 5）．♂交尾器は，全体的に *A. (F.) kunikanei* に近い形状のものが多く，*A. (F.) p. pallescens* とも類似しているが（Figure 8, 4），valva 内面の ampulla 先端部突起のほとんどは valva 上縁近くまで達しないが（Figure 9, 4），時に延びる個体もある．

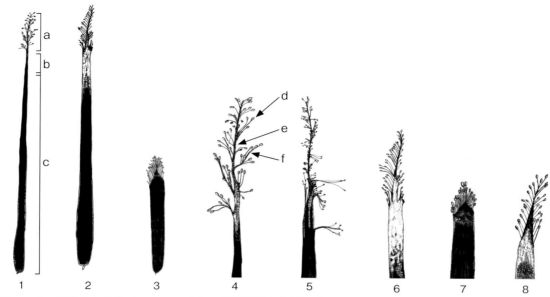

Figure 4　特徴的な香鱗 (scent scale) の種別形状と各部名称

1, 4 : *A. (F.) pallescens*　2, 6 : *A. (F.) kunikanei*　3, 7, 8 : *A. (F.) nagiae*　5 : *A. (F.) pallescens kandai*
a. 房 bunch　b. 頸部 neck　c. 軸 axis　d. 香散皿 scent spread dish　e. 房軸 bunch axis　f. 房糸 bunch thread

被検標本

Holotype. ♂ (Figure 7, 19·22) : Horonai Okushiri Chō Okushiri Island, Japan : 1. July. 2001, L. Kanda Leg. (in The University Museum,The University of Tokyo).

Paratypes. 8 ♂ 4 ♀

Yunohama, Okushiri Chō Okushiri Island, Japan, 1 ♂ 2 ♀, 30. June. 2001, L. Kanda & S. Kanda, Leg. and Mt. Tamashima, Okushiri Chō Ckushiri Island, Japan : 2 ♂, 1. July. 2016, I. Iwasaki Leg. (in The University Museum,The University of Tokyo). Mt. Tamashima, Okushiri Chō Okushiri Island, Japan : 3 ♂ 1 ♀, 1. July. 2016, I. Iwasaki Leg. (in The Iwasaki Collection) Yunohama, Okushiri Chō Okushiri Island, Japan : 1 ♂ 1 ♀, 29. JUN. 2001, L. Kanda, Leg. ; 30. June. 2001,. Kanda, Leg.and Horonai Okushiri Chō Okushiri Island, Japan : 1 ♂, 30. June. 2001, L. Kanda, Leg. and Miyazu, Okushiri Chō Okushiri Island, Japan : 1 ♂, 24. July. 2009, S. Kanda, Leg. (in The Kanda Collection).

分布

北海道（奥尻島）

生態

　島内の生息地は限られており個体数も多くない．成虫は 6 月下旬より羽化し 8 月下旬頃まで見られる．草地や林間に咲くアカツメグサ，ホウロクイチゴ，エゾスカシユリ，フランスギクなどの花を訪れる．
　蛹化前老熟幼虫は，*A. (F.) p. pallescens* と同様に顕著な造巣性がある．枯れ葉，細茎などを用いて吐糸で特徴的な網目状に綴る．

語源

　種小名は，奥尻島の標本収集等に貢献のあった神田正五・礼子夫妻に因む．

従来記載種の再検証と整理

　従来，日本（過去日本領を含む）で記載されたウラギンヒョウモン類を一括して再検証した．関連するウラギンヒョウモン類は 5 亜種，2 変種，1 型があり，所蔵タイプ標本を可能な限り図示し，香鱗や遺伝子分析結果も考慮しながら以下のように結論付けた．

1. *Argynnis adippe pallescens* (Butler, 1873) （Figure 10, 1 - 6）

　英国自然史博物館（British Natural History Museum）所蔵の雌雄個体は，*Argynnis adippe pallescens* として Lectotype となっているものである．Type - locality は，記載文において 'Hakodadi' で函館と解釈されるという見解であるが，Butler の標本ラベルを見ると，'Hakodate' となっており，「函館」に間違いない．蛇足ながら，'t' は 'r' のようにも見えるが，Butler 自信の署名の 't' をみるとくせ字であることが分かる．いずれの個体も，翅全体が横長で前翅にくびれがあり，斑紋も特徴的な *A. (F.) pallescens*（サトウラギンヒョウモン）である．

　したがって，このタイプ標本を *Argynnis (Fabriciana) pallescens* の Lectotype に指定する．

2. *Argynnis adippe locuples* (Butler, 1879) （Figure 10, 7 - 12）

　前種と同じく，英国自然史博物館（British Natural History Museum）所蔵の雌雄個体でこれらも Lectotype 指定されている．♂は横長で前翅のくびれがあり，特徴的な *A. (F.) pallescens* である．♀はやや横長で前翅のくびれが小さいが，裏面の銀紋は発達しており，*A. (F.) pallescens* には，比較的よく見られる形態である．雌雄とも総合的に *A. (F.) pallescens* サトウラギンヒョウモンと考えるのが妥当である．mt' DNA 分析において，200 数十個体の分析でも *A. (F.) pallescens* に近い *A. (F.) adippe locuples* に相当する個体は見当たらなかった．よって，本種は *A. (F.) pallescens* の synonym として取り扱う．

3. *Argynnis adippe taigetana* Reuss, 1922

　黒沢・猪又，2003 は，ギリシャから記載された *A. taigetana* Reuss, 1922 は，その Type 標本の調査から日本産の誤りであったことが判明している（Kudrna, 1978）としている．そもそも，Butler が 1873 年に記載した函館産の中の標本を使用したもので，したがって，*A. (F.) a. taigetana* は *A. (F.) pallescens* の synonym となる．

4. *Argynnis adippe doii* Matsumura, 1928 （Figure 10, 13 - 15）

　Type - locality は Matsumura, 1928 において，'Kuriles, Chakotan, Tomari, Tobutsu' とある．すなわち，色丹島と国後島の泊および東沸を指しているものと思われる．なお，標本ラベルでは 'Chishima' とあり，採集年代も 1824 - 1827 年の 4 年間で細かな記録地は記入されなかった可能性がある．これらの地域の 4♂1♀ をもとに記載されたもので，少なくとも Type 標本の♂は特徴的な横長，前翅のくびれがあり，斑紋も *A. (F.) pallescens* と違和感はない．なお，Figure 11，5・6 は国後島産のもので，遺伝子分析でも *A. (F.) pallescens* を支持している．

5. *Argynnis (Fabriciana) niobe tsubouchii* Fujioka, 2002

　北海道増毛町で採集された 2♂ が藤岡，2002 により記載されたものである．分析するとロシア沿海地方の *A. (F.) niobe* と遺伝子上全く同じで，その後記録されていないことから，その方面からの飛来等に由来する偶産種として取り扱われることが多い．記載文では，サハリン産 8♂ との比較による亜種記載となっているが，少なくとも図示個体は，サハリン産別個体の遺伝子分析をした結果では，*A. (F.) adippe* の可能性が高い．さらに *A. (F.) niobe* は各地で大きさや斑紋の変異が大きく，また，北海道産はウスリー地域との遺伝子変異がほとんどないことから，現状では *A. (F.) niobe voraxides* Reuss, 1921 の synonym として取り扱うことが妥当であり，*A. (F.) nagiae* 及び *A. (F.) pallescens*，*A. (F.) kunikanei* ではないことを再確認する．

6. *Argynnis adippe* var. *neovorx* Fukai, 1912

　深井武司，1912 により，兵庫県播磨と千葉県万原で得られた個体をもとに変種として記載されたものである．斑紋の違いの記述は種の識別には使えず，図版はなくタイプ標本も所在不明のことから，現状では，広く分布する *A. (F.) pallescens* の synonym としておくことが妥当である．

7. *Argynnis adippe* var. *kurosawae* Matsumura, 1929 （Figure 10, 16 - 18）

　Type - locality は 'Sapporo' 札幌で変種として記載されたものである．Type 個体は裏面の銀紋が大きく流れるように発達した見事な異常型である．翅形をみると横長でくびれも顕著で香鱗の検鏡でも *A. (F.) pallescens* であった．

8. *Argynnis adippe* f. *itogai* Kanda, 1933

　Type - locality は東北鳥海山で得られた雌を，'foruma' 型として記載されている．神田重夫，1933 では，その特徴を小型であ

ることのほか斑紋の違いを述べているが，*A. (F.) pallescens* と *A. (F.) nagiae* との識別は困難で，タイプ標本も確認できず *A. adippe* var. *neovorx* と同じ取扱としたい．

9. *A. v. sachalinensis* Satake, 1916　*A. v. satakei* Nakahara, 1926
　A. v. satakei Matsumura, 1928　*A. v. toyoharae* Hori et Tamanuki, 1937

　Type - locality は全てサハリンで現在の日本国内ではない．Type 標本を直接見ることは出来なかったが，近接する地域のため，同島産ウラギンヒョウモン類についても検討した．Figure 11, 1 - 4 は，同地産の現在の個体を図示したものであり，これらの個体を含め数個体の遺伝子分析では，全て *A. (F.) adippe* と同じという結果であった．それとは別に，*A. (F.) niobe* も検出されており，北海道とほぼ同じ面積のサハリンにウラギンヒョウモン類が複数種いる可能性は否定できないが，少なくとも現時点では，日本産ウラギンヒョウモンが分布しているという確証はない．

　なお，南千島の国後島は，*A. (F.) pallescens* であった（Figure 11, 5・6）．

日本産種の比較

1. 成虫の外部形態

　成虫の形態について，Tuzov, V. K., 2003・2016 は日本産の種をまとめているが，斑紋と交尾器，簡略な香鱗によるもので，明確に区別されているとは言えない．近年，新川・延・石川，2004 による遺伝子分析の結果を得て，松野，2011 や小田，2016 がサトウラギンヒョウモンとヤマウラギンヒョウモンの斑紋や翅形，野外撮影による違いを述べている．比較検討した個体は，遺伝子分析や香鱗などによる裏付けはないものである．一方，北原・伊藤，2015 はゲージペアリングの結果を遺伝子分析し，斑紋等の特徴を述べている．個体変異がありほとんど明確な差がなかったとし，裏面の黄色斑と地色の違いを見出している（その傾向はかなり強いが，発現しない個体や少ないながら *A. (F.) pallescens* 等にも見られる）．

　筆者らは，日本産ウラギンヒョウモンを遺伝子分析や香鱗・交尾器の検鏡の手法を用いて数百頭以上の個体を分類し，翅形や斑紋の相違について検討した．その結果，日本産のウラギンヒョウモン類の表面外部形態の識別を困難にしているのは，*A. (F.) pallescens* の個体変異の幅が極めて大きいためであり，*A. (F.) nagiae* や *A. (F.) kunikanei* と複層的に重なることにあった．

　Figure 12 は，3種の♂翅形の多様性を図示したものである．全体的な形にも特徴が出現するが，前翅外縁の形状をみると直線状から大きくくびれるものまである．これらは一様に出現するものではなく，*A. (F.) pallescens* は A - 2 から A - 4，*A. (F.) nagiae* は B - 1 から B - 3，*A. (F.) kunikanei* は C - 3 から C - 5 が多数を占める特徴的な個体となっている．しかしながら，紛らわしい個体を識別するためには先に述べた香鱗や交尾器の検鏡および遺伝子分析によることが必要である．

　なお，成虫の特徴的な外部形態の相違点をまとめると Table 2 のようになる．

Table 2　成虫形態比較表

種　名	翅　形		香　鱗			交尾器			
	全体	前翅外縁	細長い	太く短い	軸・頸部	ampuulla 突起	uncus 上方突起	uncus	valva 先端 カギ状爪
A. (F.) pallescens サトウラギンヒョウモン	横長の個体が多い	くびれる個体が多い	あり	なし	両方とも細い	valva 上縁部に達しない	尖る	直線状	なし
A. (F.) nagiae ヤマウラギンヒョウモン	やや四角の個体が多い	直線的	あり	あり	両方とも太い	valva 上縁部に達する	尖らず，小さな突起がいくつかある	曲がる個体が多い	0〜3本
A. (F.) kunikanei ヒメウラギンヒョウモン	四角の個体が多い	肛角部が突出，くびれる	あり	なし	軸はやや太く，頸部は太い	valva 上縁部に達しない	やや尖る	曲がる個体が多い	1本
A. (F.) p. kandai オクシリウラギンヒョウモン	横長から四角まで変異が大きい	くびれる個体が多い	あり	なし	両方とも細く，房軸がやや長い	valva 上縁部に達しない	尖る	直線状	なし

2. 終齢幼虫の外部形態と蛹化前造巣性

　非常に似た3種ではあるが，飼育や野外観察による形態，生態の違いを見いだすことが出来る．

　試料は，母チョウ採卵により，ほぼ同条件で飼育したものである．産地は，*A. (F.) nagiae* が九州山地・霧島山，*A. (F.) pallescens* が北海道・九州，*A. (F.) kunikanei* が北海道（渡島半島）で DNA 分析により種の確定を行っている．また，*A. (F.) pallescens* の奥尻亜種 *A. (F.) p. kandai* も比較し，終齢幼虫の形態と幼虫の蛹化前行動の違いを確認している．全体的な終齢幼虫の体色は，*A. (F.) nagiae* が最も暗く，*A. (F.) kunikanei* が明るい．*A. (F.) pallescens*（以下，*A. (F.) p. kandai* を含む）は暗いものから明

Figure 5 *Argynnis (Fabriciana) pallescens* の蛹化状態
　1：食草を編目状に糸で綴って巣を形成　　2：巣の内部

るいものまでいて成虫同様、変異の幅が広い．終齢の体長は，35 - 45mm で，種間，種内とも個体差が大きく，特徴が出るのは，胴部縦走条斑や頭部と胸脚及び全体的な色彩である．

　背線は *A. (F.) pallescens* と *A. (F.) kunikanei* が明るく太く，*A. (F.) nagiae* は細くなるものが多い（Figure 13, 1A - 4A）．気門線と気門上線は特徴的な紋様をしており，*A. (F.) nagiae* では融合し，*A. (F.) pallescens* は中間的，*A. (F.) kunikanei* では，離れる傾向がある．また，その幅は，*A. (F.) pallescens* で太くなる個体が多い（Figure 13, 1B - 4B）．頭部は，前頭，頭頂板において，*A. (F.) pallescens* は黒色から明褐色部の多い個体まで多彩，*A. (F.) nagiae* はほぼ黒色で，*A. (F.) kunikanei* は明褐色部が多い（Figure 13, 1C - 4C）．胸脚の腿節から基方の分節の色彩は，*A. (F.) pallescens* はオレンジ色で，*A. (F.) nagiae* は，黒灰色である．ただし，頭部が黒色の *A. (F.) pallescens* の中には，黒灰色となる個体が多い．全体的な色彩については，*A. (F.) nagiae* に暗い個体の出現する割合が大きい．

　いずれにしても，*A. (F.) pallescens* は成虫同様個体変異の幅が極めて大きく，*A. (F.) nagiae* や *A. (F.) kunikanei* に酷似した個体も少なくない．

　前述したが，蛹化前における老熟幼虫の造巣性は，*A. (F.) pallescens* と *A. (F.) p. kandai* で吐糸による網目模様が強く現れ（Figure 5, 1），*A. (F.) nagiae* では弱い．ただし，巣の造り方には個体差も大きく，糸だけかけるものから枯れ葉等をうまく引き寄せて綴るものまでいる．なお，*A. (F.) kunikanei* については，被検個体数が少なく事例を重ねる必要がある．

3．生体匂い物質

　蝶類の雌が同種として認識する場合，最終的に斑紋ではなく，香鱗やクチクラハイドロカーボンから（蟻では体表にあるクチクラハイドロカーボンでコロニーを識別）揮発する匂いが種決定の役目を担っている．特に，斑紋の似ているウラギンヒョウモン類については，匂いの違いが重要と考えられるところから *A. (F.) nerippe* を含む *A. (F.) pallescens*, *A. (F.) nagiae*, *A. (F.) kunikanei* の4種を対象に匂い物質の生体 GC-MC チャート測定（TIC 測定）を行った．この分析には，生きた個体を測定する必要があり一度に同種を数個体収集し測定し，チャートの同一性を検証した（なお，測定に使用した個体は，遺伝子分析を行い，種の確認を行っている）．

　Figure 14 は，その測定結果である．縦軸は単位当たりの分子量を，横軸は分析の測定経過を示している（各種同個体では，揮発性部分とクチクラハイドロカーボンは，相同であることを確認している）．横軸は最初は揮発性の物質，それに続くピークの一段と高い領域からクチクラハイドロカーボンを示す．すなわち，*A. (F.) pallescens* と *A. (F.) nagiae*, *A. (F.) kunikanei* の間では，香鱗起因の揮発性の匂いとクチクラハイドロカーボンの双方の匂いに各々ピークに差違があり，特に *A. (F.) pallescens* と *A. (F.) nagiae* 間には大きな差が見られる．

　これらのことから，日本産ウラギンヒョウモン3種は明らかに異なる揮発性の匂い物質が存在し，それを感知して各種が同所的に混棲する仕組みが理解できる．種の認知は完成していると考えられ，北原・伊東，2015 の種の認知に関するケージ交配実験での2種（*A (F.) pallescens* と *A. (F.) nagiae* のフェロモンの違い）の結果と合致している．

Figure 6 *Argynnis (Fabriciana) pallescens* & *Argynnis (Fabriciana) nagiae*

***Argynnis (Fabriciana) pallescens* (Butler, 1873) stat. nov**
1, 4 : ♂ Suzurangaoka Hakodate - City Hokkaido.　2, 5 : ♂ Suki Kobayashi - City Miyazaki Pref.
3, 6 : ♀ Hinohira Hyuga - City Miyazaki Pref.
***Argynnis (Fabriciana) nagiae*, sp. nov.**
7, 10 : ♂ (Holotype) Kirishimakaitaku, Ebino - City, Miyazaki Pref.
8, 11 : ♂ (Paratype) Kirishimataguchi Kirishima - City, Kagoshima Pref.
9, 12 : ♀ (Paratype) Mt. Soranno Saito - City, Miyazaki Pref.

Figure 7 *Argynnis (Fabriciana) kunikanei* & *Argynnis (Fabriciana) pallescens kandai*

Argynnis (Fabriciana) kunikanei, sp. nov.
13, 16 : ♂ (Holotype) Sengen Fukushima chō, Hokkaido.　14, 17 : ♂ (Paratype) Loc. identical.
15 ,18 : ♀ (Paratype)　Loc. identical.
Argynnis (Fabriciana) pallescens kandai, ssp. nov.
19, 22 : ♂ (Holotype) Okushiri Island Okushiri chō , Japan.　20, 23 : ♂ (Paratype) Loc. identical.
21, 24 : ♀ (Paratype) Loc. identical.

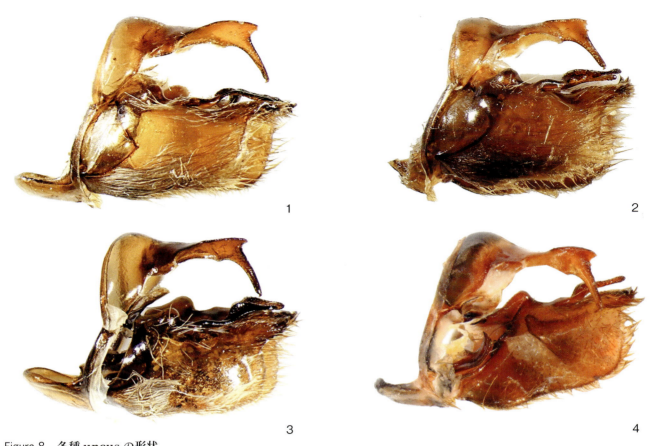

Figure 8　各種 uncus の形状

1：A. (F.) pallescens　2：A. (F.) nagiae　3：A. (F.) kunikanei　4：A. (F.) pallescens kandai

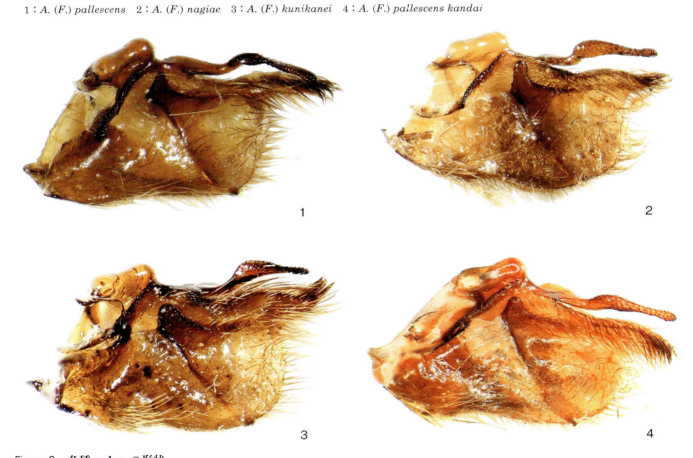

Figure 9　各種 valva の形状

1：A. (F.) pallescens　2：A. (F.) nagiae　3：A. (F.) kunikanei　4：A. (F.) pallescens kandai

Figure 10 従来記載された Type 標本

1 - 3 : *Argynnis pallescens* Type ♂ © BMNH, 4 - 6 : *Argynnis pallescens* Type ♀ © BMNH, 7 - 9 : *Argynnis locuples* Type ♂ © BMNH, 10 -12 : *Argynnis locuples* Type ♀ © BMNH, 13 - 15 : *Argynnis pallescens doii* Type ♂ © The Hokkaido University Museum, 16 - 18 : *Argynnis pallescens kurosawai* Type ♀ © National Museum of Nature and Seience

Figure 11　**Sakhalin** 及び **Kunashiri Is.** 産の遺伝子分析個体

1, 4：Central Sakhalin　2, 5：South Sakhalin　3, 6：Kunashiri Is. South Chishima

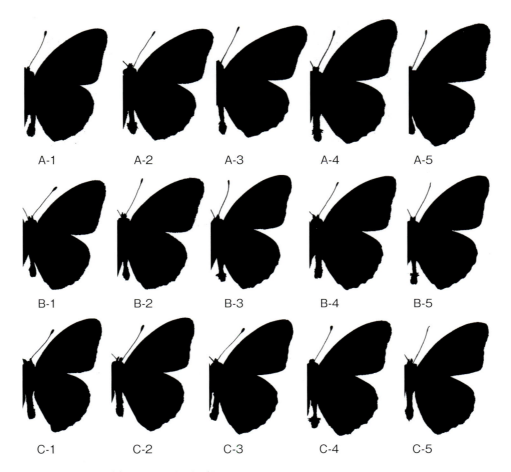

Figure 12　日本産ウラギンヒョウモン類（♂）3種の翅形

A-1 - A-5：*A. (F.) pallescens*　　B-1 - B-5：*A. (F.) nagiae*　　C-1 - C-5：*A. (F.) kunikanei*

Figure 13　日本産ウラギンヒョウモン類の終齢幼虫

1：*A. (F.) pallescens*　2：*A. (F.) nagiae*　3：*A. (F.) kunikanei*　4：*A. (F.) pallescens kandai*
A. 背面　B. 側面　C. 頭部

1. *A. (F.) pallescens*

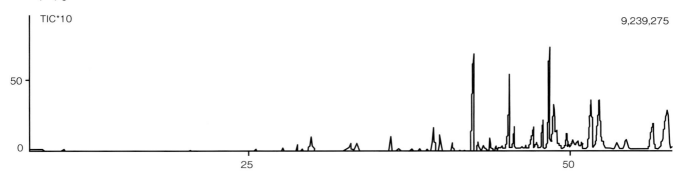

2. *A. (F.) nagiae*

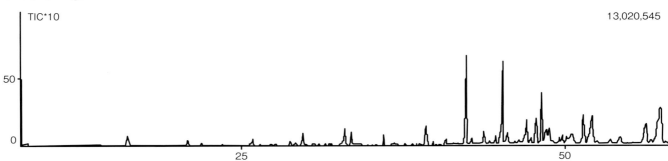

3. *A. (F.) kunikanei*

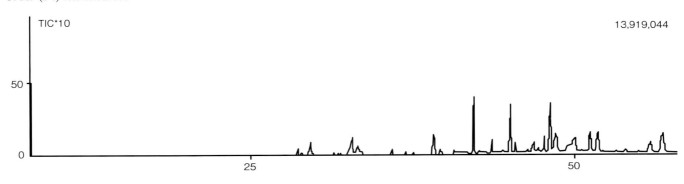

4. *A. (F.) nerippe*

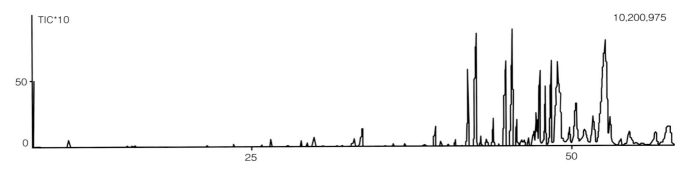

Figure 14 　各種 **MC** チャート測定図 **(TIC)**

　　　Locality　　1：Hokkaido　　2：Miyazaki　　3：Hokkaido　　4：Miyazaki　　　　　　(By H. Omura and K. Honda)

謝辞

この研究は，たくさんの方々のご支援を戴いて完成できたものである．矢後勝也博士には，DDBJ の登録やタイプ写真の提供，文献紹介など多大なご助力やご教示を頂いた．最初の分析を始める契機となった延栄一氏，TIC 測定をして頂いた大村尚博士及び本田計一博士，タイプ標本の調査や写真提供をして頂いた国立科学博物館の大和田守博士と北海道大学の大原昌宏教授，さらには Dr. Phillip R. Ackery，Dr. Blanca Huertas，増井暁夫氏，英訳をお願いした高崎浩幸教授，貴重なご助言を坂巻祥考准教授，福田晴夫氏から賜った．また，國兼信之氏，神田正五・礼子氏，柴田直之，高橋真弓氏，新川なぎ氏をはじめ，多くの方々の資料収集において標本提供やご協力及びご助言を頂いた．以下，ご芳名を挙げることで感謝の意を表したい．

阿部祐侍，朝日延太郎，麻生記章，朝日純一，阿部功，福田晴男，橋本秀明，広畑政巳，林弘，故：北条篤志，故：石川統，猪又俊男，小早川嘉，小岩屋敏，故：木暮翠，故：近藤喜代太郎，工藤忠，國兼正明，熊谷信晴，毛利秀雄，永井庵，故：中川透，中尾景吉，中村英夫，中谷貴壽，野田春彦，野村賢二，野中勝，野中俊文，小野克己，大島良美，故：白水隆，田所輝夫，谷尾崇，時田賢一，坪内純，津久井不二雄，上田恭一郎，八木真紀子，山元修成，安本潤一，国立科学博物館，東京大学総合研究博物館，鹿児島県立博物館，北海道大学総合博物館，宮崎県総合博物館（敬称略）

引用文献

Butler, A.G., 1873. Descriptions of new species of Lepidoptera. Cistula ent. 1 (7) : 164.

Butler, A.G., 1881. On a Collection of Butterflies from Nikko, Central Japan Ann. Mag. nat. Hist. (5) 7 : 134.

Dezawa, M., Ishikawa, H., Itokazu, Y., Yoshihara, T., Hoshino, M., Takeda, S., Ide, C., Nabeshima, Y., 2005. Bone marrow stromal cells generate muscle cells and repair muscle degeneration. Science 8 July 2005/ Vol. 309 (5732): 314-317.

深井武司，1912．採蝶餘録，ウラギンヒョウモンの一變種．昆虫世界雑録 : 28 - 29.

福田晴夫ほか，1983．原色日本蝶類生態図鑑（II）．保育社．

藤岡知夫，2002．北海道で発見されたエゾウラギンヒョウモン（新称）*Argynnis*（*Fabriciana*）*niobe* の地理的変異．月刊むし（372）: 3 - 10.

猪又敏男，2014．連載・日本のチョウ（37）大型ヒョウモン（4）．月刊むし（524）: 23 - 32.

神田重夫，1933．奥羽諸高山産新蝶類．アゲハ 2（1）: 7 - 10.

川副昭人・若林守男（著），白水隆（監修），1976．原色日本蝶類図鑑・全改訂新版．422pp．保育社．

北原曜・伊藤建夫，2015．分子系統により分割された日本産ウラギンヒョウモンの 2 型のゲージペアリング実験—2 型は別種である—．蝶と蛾 66（3/4）: 83 - 89.

Kudrna, O, 1978. On the identity of *Fabriciana taigetana* Reuss (Lepidoptera: Nymphalidae). Entomologist's Gaz. 29 : 53 - 54, 1 pl.

黒沢良彦・猪又敏男，2003．ウラギンヒョウモンについて．Butterflies（36）: 9 - 20.

Matsumura, S. 1928. New Butterflies especially from the Kuriles Insecta Matsumurana 2 (4) : 193.

松野宏，2011．"ウラギンヒョウモン"の実像を探る．Citrina 通信（352）: 1947 - 1954.

宮田隆，2014．分子からみた生物進化．講談社，409pp.

Nakahara, W, 1926. Some Saghalien butterflies: notes and descriptions. Insect. Inst. menst.14: 45 - 48.

小田康弘，2016．サトウラギンヒョウモンとヤマウラギンヒョウモン．月刊むし（549）: 4 - 15.

Sakurai, T., Nakagawa, T., Mitsuno, H., Mori, H., Endo, Y., Tanoue, S., Yasukochi, Y., Touhara, K., Nishioka, T., 2004. Identification and functional characterization of a sex pheromone receptor in the silkmoth Bombyx mori. PNAS/ Nov. 23. 2004/ vol. 101/ no. 47, 16653- 16658.

新川勉・延栄一・石川統，2004．遺伝子が証すウラギンヒョウモン類の系統．蝶類 DNA 研究会ニュースレター（12）: 26 - 32.

新川勉・石川統，2005．分子系統による日本産ウラギンヒョウモン 3 種の形態．昆虫と自然 40（13），4 - 7.

Tuzov, V. K., 2003. Guide to the Butterflies of the Palearctic Region Nymphalidae part Ⅰ, OMNES ARTES, Milano.

Tuzov, V. K., 2017. Guide to the Butterflies of the Palearctic Region Nymphalidae part Ⅰ Second Edition, OMNES ARTES, Milano.

Summary

To view the whole picture of genus *Argynnis* (Fabricius, 1807) including some formerly placed in *Fabriciana* (Reus, 1920), we constructed a molecular phylogenetic tree based on the mt' DNA ND5 sequence (Fig.1). In the inter-species and phylogenetic relationships, *A. kamala* species group, distributed in the Indian region, appeared to have been separated first from the others, followed by *A. xipe* species group widespread from Mongolia to North Korea. Our molecular genetic analysis did not support *A. niobe*'s division into many subspecies as having been proposed. In our interpretation of the tree, after *A. niobe* species group were widely distributed over the Eurasian continent, the species groups of *A. adippe*, *A. vorax*, and *A. pallescens* got spread on the Eurasian continent almost in the same period. Among the high brown fritillaries in Japan, 2 species groups (i.e. *A. niobe* and *A. pallescens* groups) branched off along with the formation of the Japanese Archipelago. They are likely old species groups having survived since then.

Tuzov (2003) stated that subspecies of *A. adippe* and *A. vorax* are distributed in Japan. We gathered numerous specimens chosen at random for analysis, and confirmed the presence of *A. adippe* species group in the peripheries of the Tian Shan Mountains in China, north of the Mongolian grassland, Amur, and up to Sakhalin. However, in the Far East Eurasia south of the Mongolian grassland and on the Japanese Archipelago, we found none of *A. adippe* species group. Notably, in Sakhalin from where some subspecies of Japanese high brown fritillaries have been proposed, none was confirmed. All Russian specimens (collected from the Far East Russia excluding Amur and Sakhalin) labeled as *A. adippe* were identified as of *A. niobe* or *A. vorax* species group. It is difficult to identify them with their mottle, spot, speckle, and color patterns. In short, the high brown fritillaries found in Japan are not subspecies in *A. adippe* species group. On the other hand, *A. locuples* (whose type locality is Nikko) is assumed to be distributed in Sakhalin and the Japanese Archipelago.

In the present analysis, all specimens from Sakhalin converged to *A. adippe* species group; all from South Korea and the Far Eastern Eurasia converged to *A. vorax* species group; and all from Hokkaido (including the Kunashiri Island), Honshu, Shikoku, and Kyushu (covering the regions presented with photos as collection localities of Nikko and Hiroshima types) converged to *A. pallescens* species group. In other words, neither *A. v. locuples* or *A. coredippe* (occuring in South Korea and North Korea) occurs in Japan, although Tuzov (2003) claimed their distribtion also in Japan. Furthermore, our review of papers giving the description of these species and examination of photos of their type specimens stored in the British Museum (Figs. 10, 1 - 12) identified all those labelled as *A. locuples* to be of *A. pallescens* species group.

Also, although the morphologial features (e.g. the wing shape) of *A. coredippe* suggest its likely closeness to *A. xipe*, the sampled specimens of *A. coredippe* converged with those of *A. vorax* or *A. v. leechi*. (Although *A. v. leechi* is regarded as a subspecies of *A. vorax*, they occur sympatrically around Beijing. For this reason, we treated them separately in our phylogenetic tree.)

Therefore, the high brown fritillaries in Japan are not of *A. adippe* species group, but are mixed populations of *A. niobe* and *A. pallescens* species groups. Within these 2 species groups, as apparent differences were found in morphology and ecology, we proposed restoration of 1 species, promotion of 2 to the species status, and 1 to the subspecies status, and gave their descriptions. For determination of the species, our criterion was presence or absence of nonsynonymous substitutions. Even when the sequence variations were considerble, we regarded that synonymous substitutions alone only show intraspecific subspeciation. Here, we restored *A. (F.) pallescens* and re-promoted to the separate species status, described *A. (F.) nagiae* Shinkawa et Iwasaki as a new species in *A. niobe* group, and described *A. (F.) kunikanei* Shinkawa et Iwasaki as a new species though within the narrow range of *A. pallescens* group. Furthermore, as a new subspecies, we described *A. (F.) pallescens kandai* Shinkawa et Iwasaki, as it showed significant synonymous substitutions in ND5.

成 虫 図 版

成虫図版

各種標本・解説・データ

Argynnis (Fabriciana) pallescens pallescens サトウラギンヒョウモン
　四国・本州・北海道産　♂　Figure 1（表面），Figure 2（裏面）
　九州産　♂　Figure 3（表面），Figure 4（裏面）
　♀　Figure 5（表面），Figure 6（裏面）

Argynnis (Fabriciana) nagiae ヤマウラギンヒョウモン
　四国・本州・北海道産　♂　Figure7（表面），Figure8（裏面）
　九州産　♂　Figure 9（表面），Figure 10（裏面）
　♀　Figure 11（表面），Figure 12（裏面）

Argynnis (Fabriciana) kunikanei ヒメウラギンヒョウモン
　北海道産　♂　Figure 13（表面），Figure 14（裏面）
　北海道産　♂（1 - 9），♀（10 - 15）　Figure 15（表面），Figure 16（裏面）

Argynnis (Fabriciana) pallescens kandai オクシリウラギンヒョウモン
　奥尻島産　♂　Figure 17（表面），Figure 18（裏面）
　奥尻島産　♀　Figure 19（表面），Figure 20（裏面）

Argynnis (Fabriciana) pallescens pallescens サトウラギンヒョウモン
　佐渡島産　♂（1 - 9），♀（10 - 15）　Figure 21（表面），Figure 22（裏面）

Column 1　　1933年に宮崎市で採集されたサトウラギンヒョウモン　　岩﨑郁雄

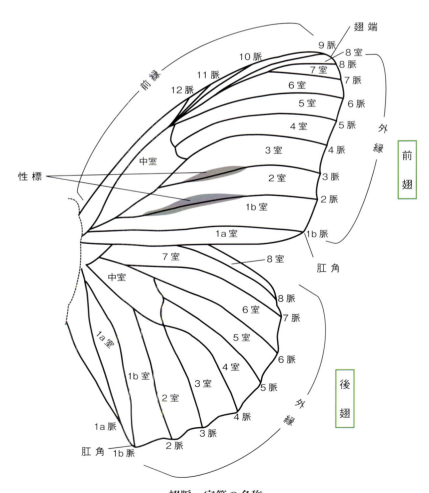

翅脈・室等の名称
model : A. (F.) pallescens　♂　upperside

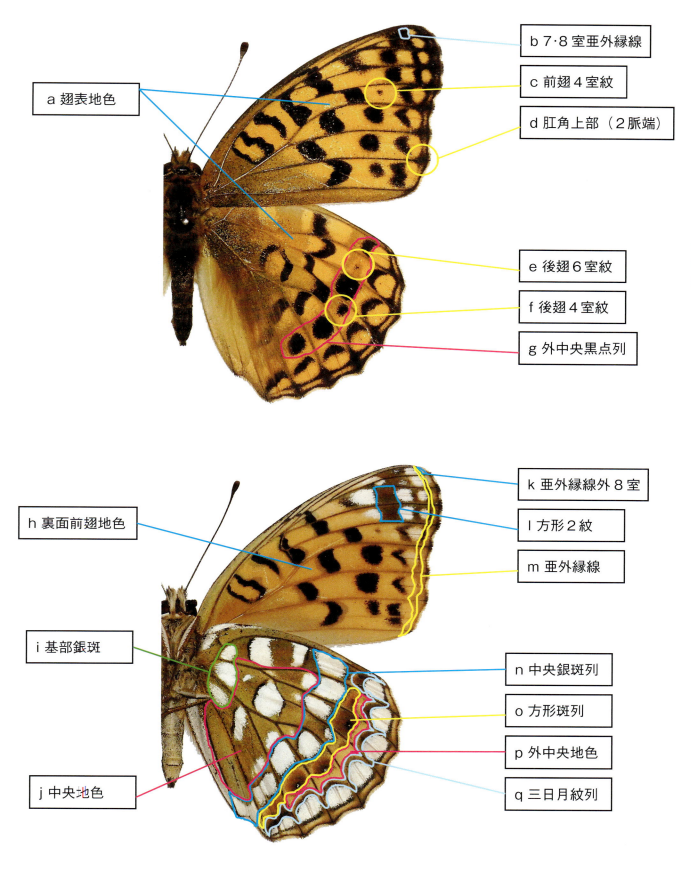

翅の表面・裏面の斑紋名称
model : A. (F.) pallescens ♀

※ 解説及び同定法用に名称を設定した（p. 58 – 62, 84 参照）

Figure 1　*Argynnis (Fabriciana) pallescens pallescens*　サトウラギンヒョウモン　四国・本州・北海道産　♂（表面）

Figure 2 *Argynnis (Fabriciana) pallescens pallescens* サトウラギンヒョウモン 四国・本州・北海道産 ♂（裏面）

Figure 3 *Argynnis (Fabriciana) pallescens pallescens* サトウラギンヒョウモン 九州産 ♂（表面）

Figure 4　*Argynnis (Fabriciana) pallescens pallescens*　サトウラギンヒョウモン　九州産　♂（裏面）

40　成　虫　図　版

Figure 5　*Argynnis (Fabriciana) pallescens pallescens*　サトウラギンヒョウモン　♀　（表面）　× 0.9

Figure 6 *Argynnis (Fabriciana) pallescens pallescens* サトウラギンヒョウモン ♀ (裏面) × 0.9

Figure 7 *Argynnis (Fabriciana) nagiae* ヤマウラギンヒョウモン 四国・本州・北海道産 ♂（表面）

Figure 8 *Argynnis (Fabriciana) nagiae* ヤマウラギンヒョウモン 四国・本州・北海道産 ♂（裏面）

Figure 9 *Argynnis (Fabriciana) nagiae* ヤマウラギンヒョウモン 九州産 ♂（表面）

Figure 10 *Argynnis (Fabriciana) nagiae* ヤマウラギンヒョウモン 九州産 ♂（裏面）

46 成虫図版

Figure 11　*Argynnis (Fabriciana) nagiae*　ヤマウラギンヒョウモン　♀（表面）　× 0.9

Figure 12　*Argynnis (Fabriciana) nagiae*　ヤマウラギンヒョウモン　♀（裏面）　×0.9

48 成虫図版

Figure 13 *Argynnis (Fabriciana) kunikanei* ヒメウラギンヒョウモン 北海道産 ♂ (表面)

Figure 14　*Argynnis (Fabriciana) kunikanei*　ヒメウラギンヒョウモン　北海道産　♂（裏面）

50 　　　　　　　　　　　　　　　成 虫 図 版

Figure 15　*Argynnis (Fabriciana) kunikanei*　ヒメウラギンヒョウモン　北海道産　♂ (1 - 9), ♀ (10 - 15)（表面）

× 0.9

Figure 16 *Argynnis (Fabriciana) kunikanei* ヒメウラギンヒョウモン 北海道産 ♂ (1 - 9), ♀ (10 - 15) (裏面)

× 0.9

Figure 17 *Argynnis (Fabriciana) pallescens kandai* オクシリウラギンヒョウモン 奥尻島産 ♂（表面）

Figure 18　*Argynnis (Fabriciana) pallescens kandai*　オクシリウラギンヒョウモン　奥尻島産　♂（裏面）

Figure 19 *Argynnis (Fabriciana) pallescens kandai* オクシリウラギンヒョウモン 奥尻島産 ♀（表面） × 0.9

Figure 20 *Argynnis (Fabriciana) pallescens kandai* オクシリウラギンヒョウモン 奥尻島産 ♀（裏面） × 0.9

Figure 21　*Argynnis (Fabriciana) pallescens pallescens*　サトウラギンヒョウモン　佐渡島産　♂ (1 - 9), ♀ (10 - 15)（表面）

× 0.9

サトウラギンヒョウモン 57

Figure 22　*Argynnis (Fabriciana) pallescens pallescens*　サトウラギンヒョウモン　佐渡島産　♂ (1 - 9), ♀ (10 - 15)（裏面）
× 0.9

成虫図版の解説及びデータ

Argynnis (Fabriciana) pallescens pallescens (Butler, 1873), stat. nov.
サトウラギンヒョウモン 四国・本州・北海道産　♂　Figure 1（表面），Figure 2（裏面）

【解説】

　本地域産♂は翅形は横長で翅表・裏面とも明るく亜外縁線は湾曲する（くびれる）のが特徴である。大きさは，どの地域でも個体差の大きいものが存在し，特に北海道産は7のように小型化するものがある。中央地色は一様な色彩であるが，7，8のようにやや違いの見られる個体もある。前翅4室紋，後翅4，6室紋は通常小さくなるか時には消失することがある。8，10，13のように亜外縁線が直線状で翅形が一見ヤマに似るものがあるが，その他の斑紋等はサトの特徴もあり uncus，発香鱗とも明らかにサトと確認されている。

《データ》発香鱗検鏡：1 - 15　uncus 検：5，8 - 15

1. 2005年6月18日，愛媛県四国中央市新宮町塩塚高原，林　弘
2. 2005年6月13日，島根県太田市三瓶町志学 東の原，橋本秀明
3. 2005年6月13日，島根県太田市三瓶町志学 東の原，橋本秀明
4. 2005年6月20日，兵庫県美方郡温泉町上山高原，橋本秀明
5. 2008年7月24日，滋賀県大津市びわこバレイ，八木真紀子
6. 1996年7月22日，山梨県本栖，T. Inomata
7. 2014年6月17日，北海道留萌市チバベリ，T. Nonaka
8. 2007年7月4日，北海道函館市鈴蘭町鈴蘭丘林道，岩﨑郁雄
9. 2007年7月1日，北海道爾志郡乙部町中崎林道，岩﨑郁雄
10. 2007年7月1日，北海道厚沢部町宮里スキー場，岩﨑郁雄
11. 2007年7月3日，北海道上磯郡知内町湯の里，岩﨑郁雄
12. 2007年6月30日，北海道知内町ツラツラ林道，岩﨑郁雄
13. 2007年6月30日，北海道福島町千軒，國兼信之
14. 2007年6月30日，北海道福島町千軒，岩﨑郁雄
15. 2007年7月2日，北海道福島町千軒，岩﨑郁雄

Argynnis (Fabriciana) pallescens pallescens (Butler, 1873), stat. nov.
サトウラギンヒョウモン 九州産　♂　Figure 3（表面），Figure 4（裏面）

【解説】

　九州産♂は本州以北と比較し，翅表，裏面ともに濃色となる傾向が強く，ヤマと同じような色彩のものも少なくない。翅形は通常横長で亜外縁線はほとんど湾曲し，中央地色は一様であることは本州以北と変わりがない。9は，翅形が四角状で翅端が丸みを帯びている形状である。このような個体はサトで稀に見られる。15は地色がやや赤味の強い個体。

《データ》 発香鱗検鏡：1，6，7，11，14，15　uncus 検：2，4，5，10　DNA 検：9，14.

1. 2009年7月4日，大分県九重町吉部，岩﨑郁雄
2. 2014年6月14日，熊本県高森町上津留，岩﨑郁雄
3. 2015年6月21日，宮崎県高千穂町五ヶ所高原，岩﨑郁雄
4. 2012年6月9日，宮崎県椎葉村大河内 矢立高原，岩﨑郁雄
5. 2012年6月9日，宮崎県椎葉村大河内 矢立高原，岩﨑郁雄
6. 2011年6月4日，宮崎県小林市須木 堂屋敷，岩﨑郁雄
7. 2009年6月13日，宮崎県小林市須木 夏木，岩﨑郁雄
8. 2014年5月31日，宮崎県小林市須木中原 袋谷，岩﨑郁雄
9. 2004年5月22日，宮崎県小林市須木 軍谷，岩﨑郁雄
10. 2006年6月3日，宮崎県小林市須木 上九々瀬，岩﨑郁雄
11. 2014年5月31日，宮崎県小林市須木中原 袋谷，岩﨑郁雄
12. 2015年6月1日，宮崎県えびの市大河平 吉牟田，岩﨑郁雄
13. 1974年6月6日，鹿児島県湧水町栗野岳カシワ林，岩﨑郁雄
14. 2004年5月23日，宮崎県えびの市霧島開拓，岩﨑郁雄
15. 2003年6月7日，宮崎県えびの市霧島開拓，岩﨑郁雄

Argynnis (Fabriciana) pallescens pallescens (Butler, 1873), stat. nov.
サトウラギンヒョウモン 四国・本州・北海道産　♀　Figure 5（表面），Figure 6（裏面）

【解説】

　本種♀の翅形も♂同様に横長で，亜外縁線は湾曲する。後翅銀斑が発達することが多く基部銀斑は大きくなる傾向がある。方形斑列は後翅各室の中で分離することが普通である。山吹色の外中央地色は幅広く，ヤマ♀との区別点のひとつとなる。また2，3，5，10のように外縁が滑らかになる傾向は本種♀の特徴である。15は翅表地色が濃く外中央黒斑列が発達し，一見ヤマとも見えるが，明らかに横長で亜外縁線の湾曲，翅端部形状パタンから特徴的なサトである。

《データ》 Breed（♂の発香鱗確認）：2 - 6

1. 2007 年 6 月 30 日，北海道知内町ツラツラ林道，岩﨑郁雄
2. 2017 年 4 月 2 日，北海道福島町千軒，岩﨑郁雄
3. 2017 年 4 月 8 日，北海道福島町千軒，岩﨑郁雄
4. 2017 年 2 月 1 日，北海道福島町三岳 館の沢林道，岩﨑郁雄
5. 2017 年 3 月 20 日，北海道福島町千軒，岩﨑郁雄
6. 2017 年 4 月 25 日，北海道福島町千軒，岩﨑郁雄
7. 1996 年 7 月 22 日，山梨県本栖，T. Inomata
8. 2010 年 7 月 19 日，長野県野辺山，Y. Kanemoto
9. 1994 年 7 月 3 日，長野県開田村 髭沢，齋藤知紀
10. 1993 年 6 月 21 日，宮崎県高千穂町五ヶ所高原，岩﨑郁雄
11. 2015 年 6 月 21 日，宮崎県高千穂町五ヶ所高原，岩﨑郁雄
12. 2015 年 6 月 21 日，宮崎県高千穂町五ヶ所高原，岩﨑郁雄
13. 1992 年 6 月 16 日，宮崎県高千穂町下田原 染野，岩﨑郁雄
14. 2006 年 6 月 18 日，宮崎県五ヶ瀬町桑野内，岩﨑郁雄
15. 2014 年 6 月 23 日，宮崎県えびの市霧島開拓，岩﨑郁雄

Argynnis (Fabriciana) nagiae Shinkawa et Iwasaki, 2019, sp. nov.
ヤマウラギンヒョウモン 四国・本州・北海道産　♂　Figure 7（表面），Figure 8（裏面）

【解説】

　本地域の♂は，翅形がやや横長で裏面の亜外縁線は直線状，中央地色の色彩に違いのあることが特徴的である。翅表地色はサト♂よりやや暗色である。裏面地色は，13 のように赤味を帯びてヒメに似た個体もいるがサトにも共通している変異である。15 の翅表は亜外縁線がやや湾曲し，前翅 4 室紋が完全消失，後翅 4，6 室紋も小さくサトに似るが，裏面は基部銀斑，中央地色ともヤマの特徴がある。

《データ》発香鱗検鏡：1 - 15　Breed：11，12

1. 2005 年 6 月 18 日，愛媛県四国中央市新宮町塩塚高原，林　弘
2. 2005 年 6 月 26 日，岡山県新見市森園，岩﨑郁雄
3. 2009 年 7 月 5 日，福島県田村市矢大臣山，清水照雄
4. 2007 年 7 月 4 日，北海道函館市鈴蘭町鈴蘭丘林道，岩﨑郁雄
5. 2007 年 7 月 4 日，北海道函館市鈴蘭町鈴蘭丘林道，岩﨑郁雄
6. 2007 年 7 月 4 日，北海道函館市鈴蘭町鈴蘭丘林道，岩﨑郁雄
7. 2006 年 7 月 16 日，北海道乙部町鳥山 中崎林道，國兼信之
8. 2007 年 7 月 1 日，北海道爾志郡乙部町鳥山 中崎林道，岩﨑郁雄
9. 2005 年 7 月 17 日，北海道福島町館の沢林道，國兼信之
10. 2007 年 7 月 1 日，北海道厚沢部町城丘，岩﨑郁雄
11. 2017 年 11 月 1 日，北海道函館市新中野ダム，岩﨑郁雄
12. 2017 年 11 月 3 日，北海道函館市新中野ダム，岩﨑郁雄
13. 2016 年 7 月 16 日，北海道木古内町佐女川，國兼信之
14. 1981 年 7 月 26 日，北海道千歳市平和，不詳
15. 2016 年 6 月 30 日，北海道亀田郡七飯町東大沼，岩﨑郁雄

Argynnis (Fabriciana) nagiae Shinkawa et Iwasaki, 2019, sp. nov.
ヤマウラギンヒョウモン 四国・本州・北海道産　♂　Figure 9（表面），Figure 10（裏面）

【解説】

　九州産♂は，混棲地域に見られるサト♂よりも小型になる個体が多く，標本を並べてみるとよく分かる。これは西日本のサト，ヤマの関係でも同じである。翅表及び裏面地色は，本州以北産より暗色傾向が強い。また，裏面方形斑列が濃色となる。中央地色は撮影すると違いが認められることが多いが，肉眼ではサトと同じように見える個体も少なくない。亜外縁線に 1，2，13，15 のようにヤマに特徴的な直線状の個体がいる反面，3，7，11，12 のように明らかに湾曲する個体も少なくない。ヤマ♂全体に言えることだが，サトに酷似するものがあり，同定に当たっては発香鱗等を検鏡することが望ましい。

《データ》　HOROTYPE：1　PARATYPE：2 -15　発香鱗検鏡：1 - 15　Breed：15

1. 2004 年 6 月 5 日，宮崎県えびの市霧島開拓，岩﨑郁雄
2. 2004 年 6 月 5 日，宮崎県えびの市霧島開拓，岩﨑郁雄
3. 2003 年 6 月 7 日，宮崎県えびの市霧島開拓，岩﨑郁雄
4. 2005 年 6 月 3 日，宮崎県えびの市霧島開拓，岩﨑郁雄
5. 1989 年 6 月 19 日，宮崎県高原町皇子原，岩﨑郁雄
6. 2005 年 5 月 28 日，宮崎県えびの市霧島開拓，岩﨑郁雄
7. 2006 年 6 月 3 日，宮崎県えびの市霧島開拓，岩﨑郁雄
8. 2015 年 6 月 6 日，鹿児島県霧島市霧島田口，岩﨑郁雄
9. 2015 年 6 月 6 日，鹿児島県霧島市霧島田口，岩﨑郁雄
10. 2015 年 6 月 6 日，鹿児島県霧島市霧島田口，岩﨑郁雄
11. 2015 年 6 月 6 日，鹿児島県霧島市霧島田口，岩﨑郁雄
12. 2015 年 6 月 6 日，鹿児島県霧島市霧島田口，岩﨑郁雄
13. 2004 年 6 月 13 日，宮崎県高千穂町上野 四季見原，岩﨑郁雄
14. 2007 年 6 月 10 日，宮崎県えびの市大河平吉牟田，岩﨑郁雄
15. 2006 年 11 月 10 日，宮崎県西都市空野山中腹，岩﨑郁雄

Argynnis (Fabriciana) nagiae **Shinkawa et Iwasaki, 2019, sp. nov.**
ヤマウラギンヒョウモン ♀　Figure 11（表面），Figure 12（裏面）

【解説】
　本種の♀の翅形はやや横長で，外中央地色はサトと比較し幅が狭くなる。亜外縁線は直線状になる個体が多いが，9，10，12，13，15のように湾曲するものもある。これらの大部分の個体は肛角上部（2，3脈端）がこぶ状となりサト♀とは異なっている。九州産は本州以北産より全体的な色彩が♂同様に濃色となる傾向がある。

《データ》　PARATYPE：1，2，5　Breed（♂の発香鱗確認）：1-5，12-15

1.　2006 年 11 月 12 日，宮崎県西都市空野山中腹，岩﨑郁雄
2.　2006 年 11 月 25 日，宮崎県西都市空野山中腹，岩﨑郁雄
3.　2006 年 11 月 20 日，宮崎県西都市空野山中腹，岩﨑郁雄
4.　2016 年 11 月 21 日，宮崎県西都市空野山中腹，岩﨑郁雄
5.　2007 年 2 月 1 日，宮崎県えびの市えびの高原，岩﨑郁雄
6.　1974 年 6 月 20 日，鹿児島県栗野町栗野岳（カシワ林），岩﨑郁雄
7.　2013 年 6 月 23 日，宮崎県えびの市原田 霧島開拓，岩﨑郁雄
8.　1984 年 6 月 17 日，宮崎県えびの高野，岩﨑郁雄
9.　2010 年 7 月 17 日，長野県南佐久郡南牧村野辺山，Y.Kanemoto
10.　2010 年 7 月 19 日，長野県南佐久郡南牧村野辺山，Y.Kanemoto
11.　1982 年 7 月 24 日，北海道千歳市平和，不詳
12.　2005 年 7 月 21 日，北海道福島町千軒，國兼信之
13.　2017 年 4 月 16 日，北海道福島町千軒，岩﨑郁雄
14.　2017 年 4 月 3 日，北海道福島町千軒，岩﨑郁雄
15.　2017 年 4 月 10 日，北海道福島町千軒，岩﨑郁雄

Argynnis (Fabriciana) kunikanei **Shinkawa et Iwasaki, 2019, sp. nov.**
ヒメウラギンヒョウモン 北海道産　♂　Figure 13（表面），Figure 14（裏面）

【解説】
　本種♂は，翅形が四角状で裏面の色調が明るくなる。特に裏面前翅地色はツマグロヒョウモンのように鮮橙色になる個体が多い。方形斑列はサト♂よりやや小さく，鮮やかな赤色となる傾向がある。また，前翅裏面方形2紋も赤色化しサト，ヤマよりも大きくなることが多い。肛角上部2脈はサトより突出する個体が多く，くびれ方が異なっている。中央地色は前縁部で赤味を帯びることが多く，外中央地色は明るい山吹色で幅広くなる。三日月紋列は，赤色鱗粉の割合がサト・ヤマより多く赤く見えることが多い。

《データ》　発香鱗検鏡：1-15　HOROTYPE：1　PARATYPE：2-15．Breed（母チョウをDAN分析）：1，6-12

1.　2005 年 11 月 3 日，北海道福島町千軒，岩﨑郁雄
2.　2006 年 6 月 30 日，北海道福島町千軒，岩﨑郁雄
3.　2007 年 6 月 30 日，北海道福島町千軒，岩﨑郁雄
4.　2007 年 6 月 30 日，北海道福島町千軒，岩﨑郁雄
5.　2007 年 7 月 2 日，北海道福島町千軒，岩﨑郁雄
6.　2007 年 6 月 15 日，北海道福島町千軒，國兼信之
7.　2007 年 6 月 16 日，北海道福島町千軒，國兼信之
8.　2007 年 6 月 19 日，北海道福島町千軒，國兼信之
9.　2007 年 6 月 14 日，北海道福島町千軒，國兼信之
10.　2007 年 6 月 18 日，北海道福島町千軒，國兼信之
11.　2007 年 6 月 15 日，北海道福島町千軒，國兼信之
12.　2005 年 7 月 12 日，北海道福島町千軒，國兼正明
13.　2005 年 7 月 17 日，北海道福島町館の沢林道，國兼信之
14.　2005 年 7 月 3 日，北海道福島町千軒，國兼信之
15.　2007 年 7 月 2 日，北海道福島町千軒，岩﨑郁雄

Argynnis (Fabriciana) kunikanei **Shinkawa et Iwasaki, 2019, sp. nov.**
ヒメウラギンヒョウモン 北海道産　♂（1-9），♀（10-15）　Figure 15（表面），Figure 16（裏面）

【解説】
　3の♂は，赤味が乏しく斑紋，色彩等ともサトに酷似する個体であるが，翅形や発香鱗は本種であり，稀に出現するタイプと考えられる。
　本種の♀は被検個体が少なく，その中では♂と同じような変異傾向を示している。特に方形斑列は赤味が強くなり，中央地色も赤褐色となり裏面が赤っぽく見える。また，肛角部上部の2，3脈端は山状の突起を有することが多い。

《データ》 PARATYPE：1 - 4，10，11．　発香鱗検鏡：1- 9　Breed（母チョウを DAN 分析）：6 - 15

1. 2016 年 7 月　9 日，北海道知内町湯の里，國兼信之
2. 2016 年 6 月 29 日，北海道福島町館の沢林道，國兼信之
3. 2016 年 7 月　9 日，北海道木古内町佐女川，國兼信之
4. 2016 年 7 月　9 日，北海道上ノ国町湯ノ岱，國兼信之
5. 2007 年 7 月　1 日，北海道厚沢部町館町，岩﨑郁雄
6. 2007 年 6 月 13 日，北海道福島町千軒，國兼信之
7. 2005 年 7 月 17 日，北海道福島町千軒，國兼信之
8. 2005 年 7 月　3 日，北海道福島町千軒，國兼信之
9. 2007 年　6 月 14 日，北海道福島町千軒，國兼信之
10. 2007 年 6 月 17 日，北海道福島町千軒，國兼信之
11. 2007 年 6 月 15 日，北海道福島町千軒，國兼信之
12. 2007 年 7 月 18 日，北海道福島町千軒，岩﨑郁雄
13. 2007 年 6 月 21 日，北海道福島町千軒，國兼信之
14. 2005 年 6 月 27 日，北海道福島町千軒，國兼信之
15. 2007 年 6 月 27 日，北海道福島町千軒，國兼信之

Argynnis (Fabriciana) pallescens kandai Shinkawa et Iwasaki, 2019, ssp. nov.
オクシリウラギンヒョウモン　奥尻島産　♂　Figure 17（表面），Figure 18（裏面）

【解説】

　本種♂の翅形は，原則的に横長で裏面地色の色彩もサトと同様であるが，1，9，11，13 のようにヒメに似た赤味の強い個体も存在する。また，三日月紋列も一様に赤味が強くなる。10，14，15 のように中央地色はヤマとは少し違うが色の変化のある個体がしばしば出現する。15 は，小型で基部銀斑が小さく，亜外縁線がやや直線状でヤマ似である。発香鱗はサト系でこのような個体は検鏡が必要である。

《データ》 HOROTYPE：13　PARATYPE：1 - 12，14，15．　発香鱗検鏡：1 - 15

1. 2016 年 7 月　1 日，北海道奥尻町球島山，岩﨑郁雄
2. 2001 年 6 月 30 日，北海道奥尻町湯浜，神田正五
3. 2001 年 6 月 29 日，北海道奥尻町湯浜，神田礼子
4. 2001 年 6 月 30 日，北海道奥尻町湯浜，神田礼子
5. 2016 年 7 月　5 日，北海道奥尻町球島山，岩﨑郁雄
6. 2016 年 7 月　5 日，北海道奥尻町球島山，岩﨑郁雄
7. 2016 年 7 月　1 日，北海道奥尻町球島山，岩﨑郁雄
8. 2016 年 7 月　5 日，北海道奥尻町球島山，岩﨑郁雄
9. 2016 年 7 月　1 日，北海道奥尻町球島山，岩﨑郁雄
10. 2016 年 7 月　5 日，北海道奥尻町球島山，岩﨑郁雄
11. 2016 年 7 月　5 日，北海道奥尻町球島山，岩﨑郁雄
12. 2009 年 7 月 24 日，北海道奥尻町宮津，神田正五
13. 2001 年 7 月　1 日，北海道奥尻町幌内，神田礼子
14. 2001 年 6 月 30 日，北海道奥尻町幌内，神田礼子
15. 2016 年 7 月　1 日，北海道奥尻町球島山，岩﨑郁雄

Argynnis (Fabriciana) pallescens kandai Shinkawa et Iwasaki, 2019, ssp. nov.
オクシリウラギンヒョウモン　奥尻島産　♀　Figure 19（表面），Figure 20（裏面）

【解説】

　本種♀の翅形は横長のサトよりヒメに近く四角になる傾向がある。また，肛角上部の翅脈端は山状の突起となる。後翅銀斑は発達し，外中央地色は幅広くなる。方形 2 斑も発達する。中央地色は，一様な色彩で一般的なサト系を示している。

《データ》 PARATYPE：1 - 4．　Breed（♂の発香鱗確認）：5 - 15

1. 2001 年 6 月 29 日，北海道奥尻町湯浜，神田礼子
2. 2001 年 6 月 30 日，北海道奥尻町湯浜，神田礼子
3. 2016 年 6 月 30 日，北海道奥尻町湯浜，神田正五
4. 2016 年 7 月　1 日，北海道奥尻町球島山，岩﨑郁雄
5. 2017 年 2 月　1 日，北海道奥尻町球島山，岩﨑郁雄
6. 2017 年 2 月　2 日，北海道奥尻町球島山，岩﨑郁雄
7. 2017 年 2 月 18 日，北海道奥尻町球島山，岩﨑郁雄
8. 2017 年 4 月 16 日，北海道奥尻町球島山，岩﨑郁雄
9. 2017 年 4 月　4 日，北海道奥尻町球島山，岩﨑郁雄
10. 2017 年 2 月 14 日，北海道奥尻町球島山，岩﨑郁雄
11. 2017 年 1 月 24 日，北海道奥尻町球島山，岩﨑郁雄
12. 2017 年 4 月　3 日，北海道奥尻町球島山，岩﨑郁雄
13. 2017 年 4 月 20 日，北海道奥尻町球島山，岩﨑郁雄
14. 2017 年 4 月 11 日，北海道奥尻町球島山，岩﨑郁雄
15. 2017 年 4 月　6 日，北海道奥尻町球島山，岩﨑郁雄

***Argynnis (Fabriciana) pallescens pallescens* (Butler, 1873), stat. nov.**
サトウラギンヒョウモン 佐渡島産 ♂（1 - 9），♀（10 - 15）　Figure 21（表面），Figure 22（裏面）

【解説】
　佐渡島産の翅形は♂♀ともに横長で，外中央地色は幅広く，サトの特徴を現している個体が多い。野外産は西日本で見られるものと同様に大型になる傾向がある。時に♂は，亜外縁線が直線状で中央地色の色彩に変化のある個体が見られるが，発香鱗を検鏡すると全てサトで，これまでのところヤマは検出されていない。

《データ》　発香鱗検鏡：1 - 9.

1.　2017 年 7 月 2 日，新潟県佐渡市和木，岩﨑郁雄
2.　2017 年 7 月 2 日，新潟県佐渡市和木，岩﨑郁雄
3.　2017 年 7 月 15 日，新潟県佐渡市ドンデン山，柴田直之
4.　2017 年 7 月 2 日，新潟県佐渡市和木，岩﨑郁雄
5.　2017 年 7 月 15 日，新潟県佐渡市ドンデン山，柴田直之
6.　2017 年 7 月 2 日，新潟県佐渡市和木，柴田直之
7.　2017 年 7 月 5 日，新潟県佐渡市秋津，岩﨑郁雄
8.　2017 年 7 月 3 日，新潟県佐渡市秋津，岩﨑郁雄
9.　2017 年 7 月 14 日，新潟県佐渡市徳和，柴田直之
10.　2017 年 7 月 5 日，新潟県佐渡市秋津，岩﨑郁雄
11.　2017 年 7 月 14 日，新潟県佐渡市徳和，柴田直之
12.　2017 年 7 月 5 日，新潟県佐渡市秋津，岩﨑郁雄
13.　2017 年 7 月 2 日，新潟県佐渡市歌代，岩﨑郁雄
14.　2017 年 7 月 2 日，新潟県佐渡市秋津，柴田直之
15.　2017 年 7 月 5 日，新潟県佐渡市秋津，柴田直之

Column 1　1933 年に宮崎市で採集されたサトウラギンヒョウモン

岩﨑郁雄

表

裏

（宮崎大学蔵）

　本個体は，1933 年 5 月 16 日に宮崎市下北（現在の平和台公園〜宮崎神宮間）で採集されたものである。現存する宮崎県最古のウラギンヒョウモンの標本と思われる。採集者はラベルに「Oji」とあり，当時宮崎高等農林学校農一の王子幸寛氏は精力的に蝶類を調べていた。触覚は途中から折れ，カビが胴体を覆い，その状態は決して良くないが，歴史の重みを感じさせられる。

　標本は，性標があるところから雄で，翅形が横長，亜外縁線が湾曲し，前翅 6 室，後翅 4，6 室紋が小さく一部消失，中央地色の色彩はほぼ一様で，典型的なサトウラギンヒョウモン *Argynnis (Fabriciana) pallescens* (Butler, 1873) と見ることが出来る。

　なお，当地では 50 年以上記録がなく，周囲は住宅地となったため絶滅したと思われる。

各 論

各 論

日本産ウラギンヒョウモン類3種の発香鱗　　新川勉・岩﨑郁雄
日本産ウラギンヒョウモン類3種の幼虫・蛹及び造巣性　　岩﨑郁雄
日本産ウラギンヒョウモン類命名記　　岩﨑郁雄
日本産ウラギンヒョウモン類3種（♂）の同定法　　岩﨑郁雄
Column 2　　DNA分析によるウラギンヒョウモン類の各種分布確認地　　新川勉・岩﨑郁雄

ウラギンヒョウモン類3種の野外幼虫

1　草の根元に静止するサトウラギンヒョウモンの終齢幼虫　　　　　　　　　　　　　（2008年5月3日，宮崎県五ヶ瀬町桑野内）
　九州でウラギンヒョウモンの幼虫を見つけるのはなかなか難しい。生息地でスミレの群落と食痕を確認していくのだが，この時期，花はほとんど咲いていないので苦労する。草間をかき分けると地表に静止していた。

2　スミレの茎を移動するヤマウラギンヒョウモンの亜終齢幼虫　　　　　　　　　　　　　（2005年6月26日，北海道福島町千軒）
　千軒はウラギンヒョウモン3種が混棲する地である。ヤマウラギンは黒味が強く，サトやヒメより成長がやや遅い。

3　アキタブキの葉上に静止するヒメウラギンヒョウモンの終齢幼虫　　　　　　　　　　　（2005年6月26日，北海道福島町千軒）
　普通は根際にいることが多いのだが雨模様の天気のときには葉上に上がってくる個体がいる。地表の水を避けているような行動である。

4　エゾノタチツボスミレ上のヒメウラギンヒョウモンの終齢幼虫　　　　　　　　　　　（2005年6月26日，北海道福島町千軒）
　ヒメウラギンはサトウラギンの幼虫と比較するとより明るい体色の個体が多い。ただ，サトにもこのような個体は見られ，飼育による確認は必要である。

【撮影者：岩﨑郁雄】

日本産ウラギンヒョウモン類3種の発香鱗

新川 勉・岩﨑郁雄

　従来のウラギンヒョウモンは国内ではサトウラギンヒョウモン（以下サト），ヤマウラギンヒョウモン（以下ヤマ），ヒメウラギンヒョウモン（以下ヒメ）の3種となっており，斑紋で見分けるには難しい個体が多い。しかしながら，雄では発香鱗の形状の違いは明確である。筆者らはこれまで数百以上の個体を検鏡してきたが，例外的な個体は極めて少ないことが判明している。
　ここでは，種を判別するための有効な手法として述べることにする。

1. 発香鱗の位置と名称

　発香鱗は呑鱗とも言い，一般に scent scale が当てられる。大形ヒョウモン類には，前翅表面上にある性標に存在し，ウラギンヒョウモンも同様である。日本産3種サト，ヤマ，ヒメの性標の形はそれぞれ個体差の範疇にあり特徴づけられるものはない。性標そのものが発香鱗の集合体として形づくられている。
　大部分の発香鱗は細長い形状をしており，各種の特徴を明らかにするために特徴的な部分を Figure 1 のように呼ぶことにした。軸（axis）は発香鱗の主体部をなすもので，上部に房（bunch），その中間に頸部（neck）がある。頸部および房は種によって特徴のある形態を示すものが多い。房は房軸（bunch axis）から伸びる糸状の房糸（bunch thread）の先端に皿状の香散皿（scent spread dish）があり，ここから揮発物質を拡散するものと思われる。なお，揮発物質は翅のクチクラ部からも発散するが，そのメカニズムについてはよく分かっていない。

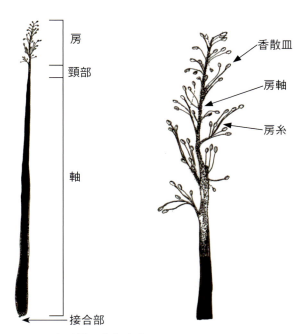

Figure 1　発香鱗の各部名称
参考図は，*Argynnis (Fabriciana) pallescens*

2. 発香鱗の観察方法

　発香鱗を見るには生物顕微鏡を使用する。ティッシュペーパーで小さなこよりを作っておき，性標をそっとこするように採取する。それをスライドグラスに移し，顕微鏡で観察する。留意すべきは別の鱗粉の混入を防ぐため，一度使用したこよりやスライドグラスは絶対に使わないことである。スライドグラスは綺麗に水洗いすると再利用できる。慣れてくると100倍ほどでも判別は可能であるが，種によっては300倍くらいの高倍率の必要なこともある。これは一方法であり，特徴的な鱗粉を探す作業は多少の熟練が必要で，各人が工夫しながら観察するとよい。

3. 各種の発香鱗の特徴

（1）　サトウラギンヒョウモン　*Argynnis (Fabriciana) pallescens* (Butler, 1873)
　サトの発香鱗は，細長い毛状の束が多く見られ，長短はあるものの軸は細いことが多い（Figure 2, 1 - 4）。房軸からは多くの房糸がランダムに派生しており，その長さはまちまちである。軸から頸部，房軸にかけての太さは先端に向けてなめらかに細まる（Figure 2, 5・6）。3種のうちで発香鱗を同じように採取すると，その量はかなり多い個体が目立つ。まれに太くやや長い発香鱗が存在することがあるが，軸から房軸への細まり方は全く同じ傾向である。

（2）　ヤマウラギンヒョウモン　*Argynnis (Fabriciana) nagiae* Shinkawa et Iwasaki, 2019
　ヤマの発香鱗は大部分が細長い毛状であるが，明らかに太く短い鱗粉が存在することが特徴的である（Figure 3, 1 - 4）。この特徴的な鱗粉の軸はほぼ同じ幅からやや寸胴的な形状となり，頸部はなく，房軸からは等間隔で房糸が伸びて筆状となる（Figure 3, 5 - 12）。この存在が確認できれば本種であるが，鱗粉の採取具合でかなり少ないことがあるため，その場合は少し多めに採

取するとよい。いずれも鱗粉の異常変異等を考え，念のために3，4個はその存在を確認する必要がある。その他の細長い鱗粉は，サトと比較すると軸のやや太いものが多く，見慣れるとこれだけでも本種と区別できることがある（Figure 3, 13）。なお，太く短い鱗粉はニセウラギンヒョウモン *A. (F.) niobe* にも共通する特徴である。

(3) ヒメウラギンヒョウモン *Argynnis (Fabriciana) kunikanei* Shinkawa et Iwasaki, 2019

サトに近い種類で，太く短い発香鱗は見られず，細長い鱗粉だけとなる（Figure 4, 1-4, 9）。サトは前述したように軸から頸部，房軸にかけての太さは先端に向けてなめらかに細まるのに対して，ヒメは頸部が太くなり房軸の途中から急に細まる構造をしめす鱗粉が多数存在する（Figure 4, 5）。

サトの特徴をもった鱗粉もあるため，少し倍率の高い領域での方が確認し易い。本種の大多数の発香鱗の軸はサトよりやや太く，接合部付近は尖るようにすぼまるものが多く見られる。

また，サト同様，まれに長く太い鱗粉が見られることがあるが，これも本種の特徴があらわれているので区別しやすい（Figure 4, 10）。

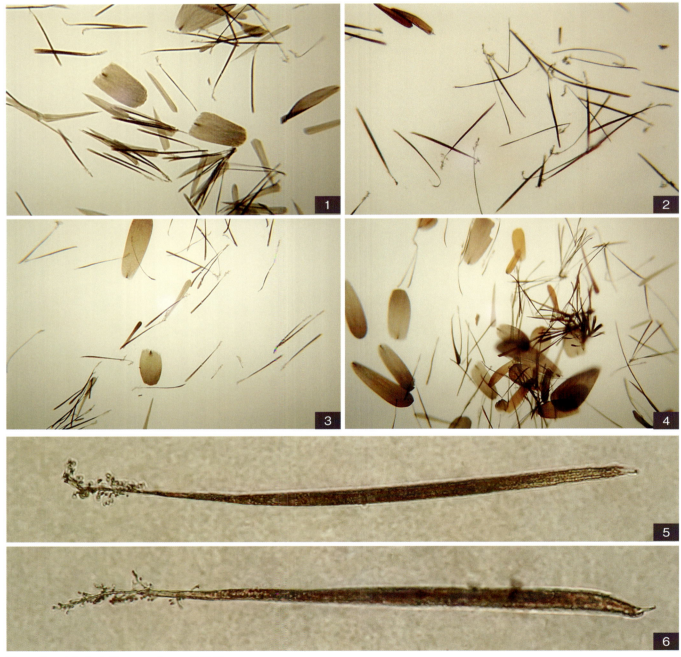

Figure 2　サトウラギンヒョウモン発香鱗

　　1, 2：宮崎県西臼杵郡高千穂町五ヶ所高原産　　3, 4：北海道檜山郡厚沢部町産　　5, 6：宮崎県小林市須木鳥田町堂屋敷産

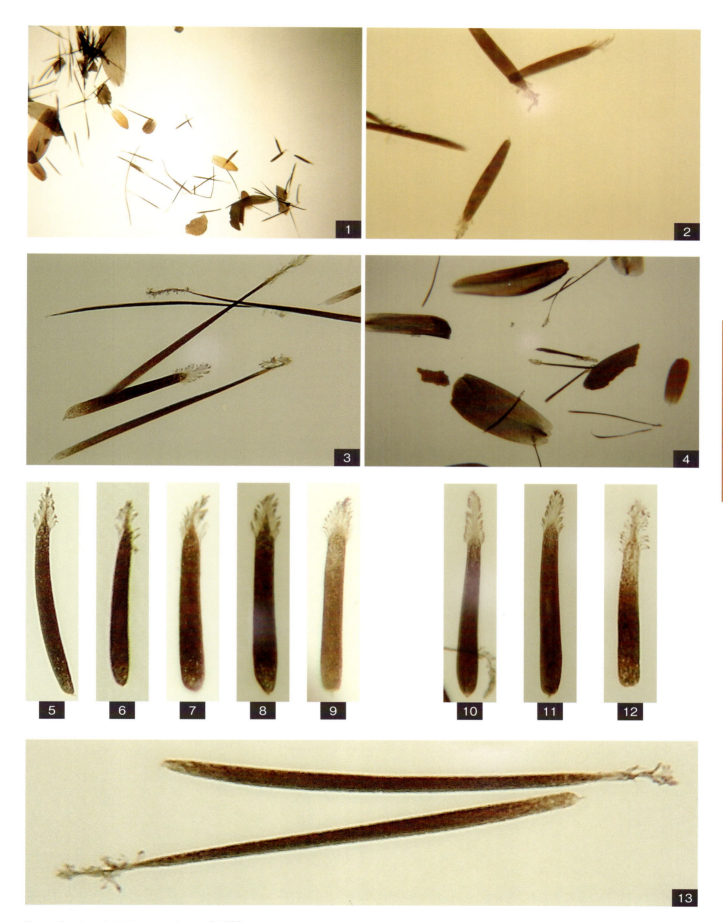

Figure 3　ヤマウラギンヒョウモン発香鱗

1, 2, 5 - 9, 13：宮崎県えびの市霧島山麓産　　3：北海道松前郡福島町産
4：北海道上磯部木古内町産　　10 - 12：北海道檜山郡厚沢部町産

Figure 4　ヒメウラギンヒョウモン発香鱗

　1-4：北海道松前郡福島町産　　5-10：北海道松前郡知内町産

日本産ウラギンヒョウモン類3種の幼虫・蛹及び造巣性

岩﨑郁雄

日本に産するウラギンヒョウモンは，3種に分類される。その幼生期の概要については記載のなかで述べたが，ここでは，その後判明したことを含め，幼虫や蛹の形態及び生態について整理した。

これまでなるべく，幼生期の野外状態を調べることに努めたが，かなり苦戦を強いられ，完全ではないが飼育による観察も多く取り入れている。

1. サトウラギンヒョウモン *Argynnis (Fabriciana) pallescens* (Butler, 1873)

サトウラギンヒョウモン（以下サト）の雌は開けた草原や田畑の畦や路脇の草地に産卵することが多い。南九州では9月から北海道では8月中旬ごろからである。地面に止まった雌は少し歩いて枯れ草などに腹端を曲げている姿が見られる。ほとんどその付近にはスミレ群落があるが直接産卵することは見られず，食草以外に産卵する習性は通説となっている。これは他2種も全く同じであり，本種を含めヒョウモン類の産卵は食草選択というより，主として，環境選択による行動である。南九州のウラギンヒョウモンは近年どこにでもいる種ではなく，調べはじめた頃は幼虫がなかなか見つからないため，成虫記録のあるスミレ群落を闇雲に探していた。その結果，ウラギンヒョウモン以外のメスグロヒョウモンやミドリヒョウモン，オオウラギンスジヒョウモンまで見つけることが出来たが，肝心なウラギンヒョウモンは最後の確認となった。

南九州のサトの幼虫は，田畑の畦など開放地にあるスミレ群落の草地内でよく見つかる（Figure 1, A）。当然，若齢幼虫は見つけにくいが中齢から終齢幼虫になると発見率は高い。終齢は大食漢で葉の繁っているスミレ群落へ集まってくることもあるようである。まばらに生えているスミレにも食痕が見られることがしばしばあり，移動しながら摂食したものと思われる。通常，中齢・終齢幼虫は摂食以外は，スミレの根際の枯れ枝上や枯葉上，枯葉のまるまった中などに静止していることが多い（Figure 1, B）。

幼虫末期を除くと基本的に巣を造ることはないが，飼育では若齢〜中齢幼虫が糸を2〜4本ほどかけ簡単な巣を造る個体を稀ながら確認している。老熟幼虫になると蛹化場所を探し，地上近くの草間に糸をかけながら明瞭な巣を造る。巣の上部に多くの糸を吐きサイドまで糸をかける。ただ，地面方向には糸は吐かない。その傘状となった巣の上部で蛹化する。この行動は，サトのどの幼虫にも見られ特徴となっている（Figure 18, A1 - A4）。

ウラギンヒョウモン3種の幼虫は非常に似ており，その形態の重なる部分も多い。本種の幼虫は特に成虫と同じように個体変異の幅が大きく，区別することは難しいが，特徴を挙げると次のようになる。

終齢幼虫の背線および基線は明るく明瞭で，特に基線の白帯は尾部まで到達することがほとんどである。幼虫は全体的には明るい色をしているが，ときに暗い個体もいる（Figures 9 - 11 and Figure 16, A）。

頭部は，前頭縫線を境に前頭と頭頂板の黒色部と褐色部の割合が変化する。褐色部が多く明るく見える個体は本種のことが多い。ヤマウラギンヒョウモン（以下ヤマ）に似た頭部全体が真っ黒の個体も少なくない。基本的に脚の色は褐色で，棘状突起は黒灰色である（Figures 9 - 11）。

蛹は，全体や翅の部分が細長く，ヤマと重なる個体も少なくないが，区別出来る個体もある（Figure 17, A）。詳しくはヤマの項で述べる。

Figure 1 サトウラギンヒョウモンの
幼生期環境（A）と4齢幼虫（B：矢印）
宮崎県五ヶ瀬町（2008年）

2. ヤマウラギンヒョウモン *Argynnis (Fabriciana) negiae* Shinkawa et Iwasaki, 2019

　南九州の成虫は，やや標高の高い山間部に生息する反面，北日本では平野部でも見られる。雌は林縁にあるスミレ群落周辺での産卵を見ているが事例は少ない。幼虫も似た環境で採集しており（Figure 8），サトと比較するとより閉鎖的な環境を好むようで，その習性はやや異なっている。

　本種は幼虫期の終末を除いてサトと同じように基本的に造巣性はない。老熟幼虫になると植物間にサトと同じような傘状のものを造るが，上部の懸垂器を懸ける付近の吐糸量は多いにもかかわらず，サイドまで糸をかけることはほとんどない。全体的にサトと比較し吐糸面積が狭く，植物間に蛹化しない場合は全く巣を造らない個体がいる（Figure 8, B1 - B4）。すなわち，この傘状のものを巣と呼べるかどうか判断は難しいが，上部には網目状の糸を吐くところから巣を造る習性の途中のものと考えられる。当初，小さな容器で飼育したため上面に蛹化した個体が全く巣を造らないと考えていた。そこで大型容器に生息環境を想定した飼育を行ったところ，前述した習性は，南九州産も北海道産も全く差異はなかった。

　終齢幼虫は全体の色彩に黒い個体が多い。背線は細く，基線は尾端まで伸びる個体は少なく，頭部から１／３くらいまでが通常である。頭部は前頭，頭頂板ともに黒化する。同時に脚も黒くなることが多く褐色は少ない。棘状突起は全て黒灰色（Figures 12 - 14 and Figure 16, B）。ただ，Figure 13 のB及びCは，北海道函館産で，サトに非常に似た形状をしているが背線は細く，本種の特徴がある。

　サトとヤマの蛹の形状については，2006年に同条件で飼育，Figure 2のように全長（H），最大幅（D），前翅長（a），前翅幅（b）についてそれぞれ計測。被検個体は全て宮崎県産を用いた。

　全長は，サトの 19.6 - 28.6（Ave. 24.0）mm に対し，ヤマの 21.0 - 25.5（Ave. 22.9）mm とサトは大形になる個体が多く，ヤマはより小さくなる傾向ある。最大幅は，サトの 6.4 - 9.3（Ave. 8.1）mm，本種の 7.2 - 8.9（Ave. 8.0）mm で平均値では余り変わらず，サトではやや細身になる個体が多い（Figure 3）。

Figure 2　蛹の計測部位

　前翅長は，サト 11.6 - 9.1（Ave. 14.7）mm，本種 11.1 - 15.6（Ave. 13.9）mm，前翅幅は，サト 6.4 - 10.0（Ave. 8.0）mm，本種は 7.0 - 8.6（Ave. 7.6）mm で，サトが細長くなり，本種は幅広くなる傾向がある。最大幅と全長の比較は，サト，本種とも同じような比率であるが，前翅長と前翅幅では，サトでバラツキが大きいが本種ではその差が小さい（Figure 4）。

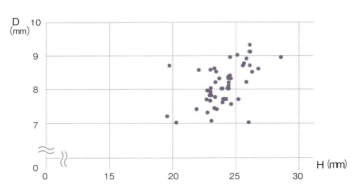

Figure 3　蛹の最大幅 (D)/ 全長 (H) 比

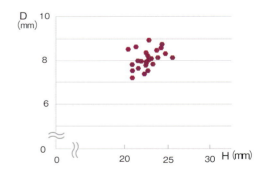

A：*A. (F.) pallescens*　　B：*A. (F.) nagiae*

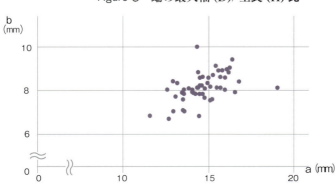

Figure 4　蛹の前翅幅長 (b)/ 前翅長 (a) 比

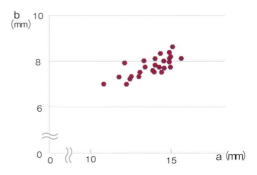

A：*A. (F.) pallescens*　　B：*A. (F.) nagiae*

3. ヒメウラギンヒョウモン　*Argynnis (Fabriciana) kunikanei* Shinkawa et Iwasaki, 2019

　ヒメの産卵については，観察例が全くないが，成虫や幼虫の採集される場所を考えるとサトと同じような開放的な環境であることが推察される（Figure 5）。

　幼虫は，サトやオオウラギンスジヒョウモンと混棲，いずれもエゾノタチツボスミレ *Viola acuminata* Ledeb を摂食していた。本種は，生息地でアキタブキ（オオブキ）の葉裏にそのまま蛹化していた個体がいて，数少ない飼育でも造巣性は見られていない（Figure 6）。しかしながら，*A. pallescens* 種群は基本的に造巣性があり，ヒメも同じような習性があると思われることから検討の余地がある。

　終齢幼虫は背線が明るく，亜背線はやや不明瞭になることが多い。気門線と気門上線はサト，ヤマより離れる傾向がある（Figure 15・16C）。基線はサトと同じで明瞭な個体が多く，それに沿った棘状突起は乳白色となる。頭部は前頭，頭頂板ともにサトに似るが，より黒色部が少なく赤く見える。ただ，飼育例が少なく，その変異量は明らかでない。蛹は3種とも非常に似ており，サトは明褐色，ヤマは黒褐色，ヒメは赤褐色となる傾向がある（Figure 20, A・B・C）。

Figure 5　ヒメウラギンヒョウモンの生息環境　　　　　Figure 6　ヒメウラギンヒョウモンの蛹化位置

4. 食草

　ヒョウモン類は先に述べたように産卵環境によりスミレ類を選択しているように見える。ウラギンヒョウモンも同じで，与えればほとんどの種類のスミレ類を摂食する。

　サトは，九州では産卵場所となっている里山の畑地や水田の土手や路傍に生えるスミレ *Viola mandshurica* W. Becker で発生を確認し（宮崎県五ヶ瀬町・高千穂町），主食草となっている。幼虫は食草を求めて活発に動きまわり，高千穂町五ヶ所高原では農道の中央部に生えたスミレで終齢幼虫が見つかったこともある（Figure 7）。また，幼虫の見つかった付近のアリアケスミレなどにも食痕が見られ，サトが摂食していると思われる。北海道では，スギの若い造林地の草間に繁茂したエゾノタチツボスミレ *Viola acuminata* Ldeb. を摂食しており，この場所では同時にヒメウラギンも確認している。

　ヤマは，宮崎県霧島山中腹にある採草原野のササ原の際に生えたツボスミレ *Viola verecunda* A. Gray（別名ニョイスミレ）を摂食しているのが確認された（Figure 8）。この場所はヤマウラギンの成虫比率が大きいが，幼虫はなかなか見つからず主発生地になっているかどうかはさらに調べる必要がある。

Figure 7　サトウラギンヒョウモン幼虫の発見場所と終齢幼虫　　Figure 8　ヤマウラギンヒョウモン幼虫の発見場所と終齢幼虫

Figure 9　北海道産サトウラギンヒョウモン終齢幼虫（1）

A：福島町千軒産（2017年）　　B：福島町三岳産（2017年）　　C：福島町千軒産（2017年）

Figure 10　北海道産サトウラギンヒョウモン終齢幼虫（2）

A：福島町千軒産（2017 年）　　B：知内町湯の里産（2017 年）　　C：知内町湯の里産（2017 年）

Figure 11　九州産サトウラギンヒョウモン終齢幼虫（1）
A：高千穂町岩戸産（2008 年）　　B：五ヶ瀬町桑野内産（2008 年）　　C：五ヶ瀬町桑野内産（2008 年）

Figure 12　北海道産ヤマウラギンヒョウモン終齢幼虫（1）

A，B：福島町千軒産（2017 年）　　C：福島町千軒産（2016 年）

Figure 13　北海道産ヤマウラギンヒョウモン終齢幼虫（2）

A：福島町千軒産（2016 年）　　B，C：函館市新中野産（2017 年）

Figure 14　九州産ヤマウラギンヒョウモン終齢幼虫

A - C：西都市空野山産（2006年）

Figure 15　北海道産ヒメウラギンヒョウモン終齢幼虫

A：福島町千軒産（2005年）

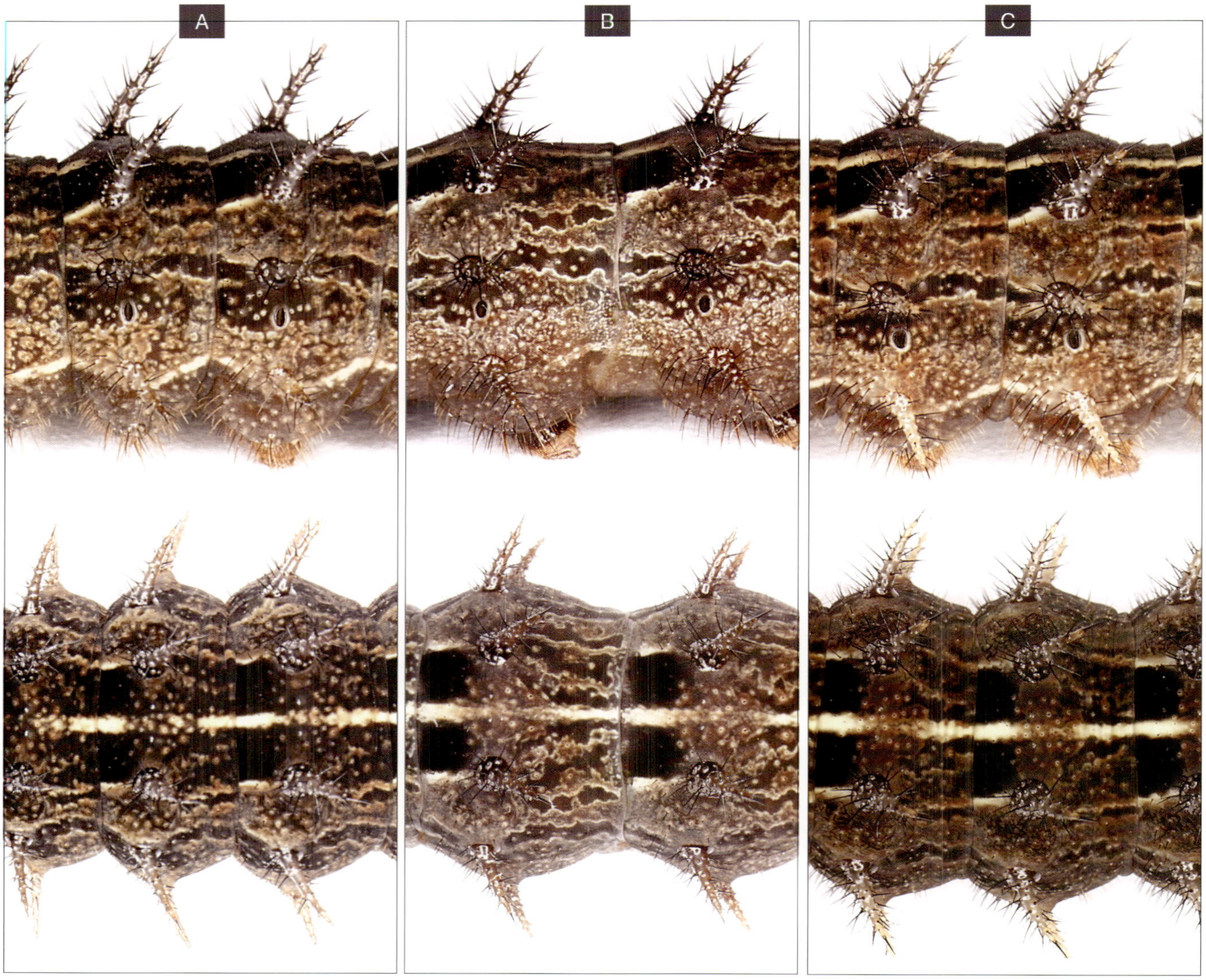

Figure 16　ウラギンヒョウモン類3種終齢幼虫（側面・背面拡大）

A：サトウラギン（千軒産）　　B：ヤマウラギン（霧島産）　　C：ヒメウラギン（千軒産）

Figure 17　北海道福島町産ウラギンヒョウモン類3種の蛹（♂）

A：サトウラギン　　B：ヤマウラギン　　C：ヒメウラギン
上．側面　　中央．背面　　下．腹面

ウラギンヒョウモン終齢幼虫の各部名称

※幼虫は北海道産サトウラギンヒョウモン

Figure 18　北海道産　ウラギンヒョウモン類2種の蛹化状態

A1 - 4：サトウラギンヒョウモン　　B1 - 4：ヤマウラギンヒョウモン

日本産ウラギンヒョウモン類命名記

岩﨑郁雄

　和名や学名がどのような経緯を経て命名されたものなのかあまり判明していない種は多い。どの種もそれなりの歴史のうえに命名されているものと思われる。ここでは，国内産ウラギンヒョウモン類の学名・和名について述べることにする。

サトウラギンヒョウモン　*Argynnis (Fabriciana) pallescens pallescens* (Butler, 1873)

　日本のウラギンヒョウモンは大きく2系統に分かれることが，新川氏の遺伝子分析で明らかとなった。和名については，似かよった斑紋の特徴をとらえた名前では難しいことが分かっていた。そこで当時，主として低標高にいる系統と高標高にいる系統に分かれるらしいということと，日本のキマダラヒカゲ類が同じような分布形式をとっていると推定されたところから，筆者が「ヤマ・サト」を提案したところ，それでいこうという共通理解となった。現在では，低地に多いが高地まで広く分布するサトウラギンヒョウモンとなっている。

ヤマウラギンヒョウモン
Argynnis (Fabriciana) nagiae Shinkawa et Iwasaki, 2019

　新川夫妻は，日本国内はもちろんこれまで中国，韓国，モンゴル等に60回以上も調査旅行をされていた。ウラギンヒョウモン類の収集もそのひとつであった。個体の採集は，奥様のなぎ氏も積極的に行ってきた。また，勉氏が動きにくくなってからは主に奥様が採集しておりその功績は大きかった。また，その旅行費用の工面等も大変だったと聞く。新川氏と筆者はその感謝の意味ををこめて種小名の nagiae を採用した。

新川なぎ氏

ヒメウラギンヒョウモン
Argynnis (Fabriciana) kunikanei Shinkawa et Iwasaki, 2019

　北海道の國兼信之氏が偶然にも採集されていた個体が，別種として新川氏の遺伝子分析を基に見いだされた。その後の標本収集などにも尽力された功績により，種小名 kunikanei とした。
　当時新川氏は，北海道でエゾウラギンヒョウモンの記録が出たことを受けて，これが本土のものなのかどうなのか遺伝子上で検討した際，多数の北海道産のウラギンを分析した。そ

國兼信之氏

の結果，大きく今で言うところのサトとヤマの2系統に分かれることをつかんだ。しかも國兼氏の採集していた個体は全くの別の種を示していた。何かの間違いではないかと何回も追試されたが，結果はことごとく同じであった。そこで採集された周辺のウラギン収集を國兼氏へ依頼，再度分析したところ多数のウラギンの中に幾つか別の種を示す同じ個体があった。新川氏は間違いないことが判明したことに大変驚かれたそうである。このときの感動は間もなく筆者にも伝えられたことを覚えている。
　和名であるが，新川氏はエゾウラギンヒョウモンを使いたかったらしい。しかしながら，既に北海道の niobe に命名されていたため，その当時手持ちの個体がサトより少し小さなものが多かったということからヒメウラギンヒョウモンと名付けられた。後に大きさでは個体変異の範疇であることが分かり，別名を筆者とともに検討したが既に周知されており，そのままでいくこととなった。

オクシリウラギンヒョウモン
Argynnis (Fabriciana) pallescens kandai Shinkawa et Iwasaki, 2019

　サトウラギンヒョウモンの奥尻亜種である。チョウ類の場合は亜種和名で呼ばないことが通例だが，便宜上，地名を付けて呼ぶことにした。
　奥尻島は北海道在住の神田正五氏が1980年代後半から10回以上渡航調査されている場所である。その間，ウラギンヒョウモンは奥様の礼子氏の採集を含め十数個体を所蔵されており，新川氏の遺伝子分析やタイプ標本などにも使用された。また，同島の本種に関する有益な情報も頂き，その貢献に対して亜種名を kandai と命名することとなった。

神田正五・礼子夫妻

Column 2 DNA分析によるウラギンヒョウモン類の各種分布確認地

新川 勉・岩﨑郁雄

　ユーラシア大陸及び日本周辺部におけるウラギンヒョウモン類（*Argynnis* sp.）について新川によりDNA分析された200個体以上の結果を大まかに図示した。なお，実際の分布はこれより広い。

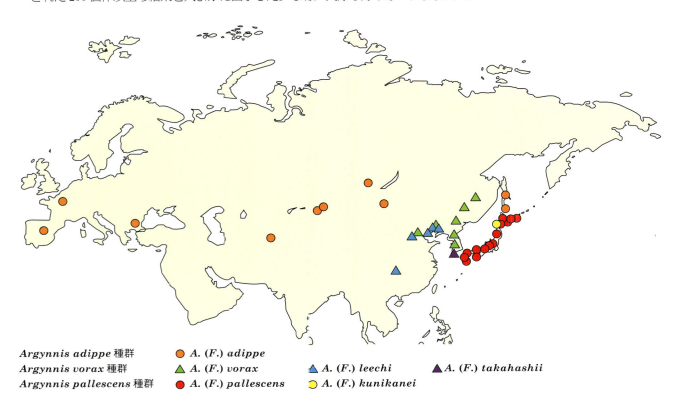

Argynnis adippe 種群　　● *A. (F.) adippe*
Argynnis vorax 種群　　▲ *A. (F.) vorax*　　▲ *A. (F.) leechi*　　▲ *A. (F.) takahashii*
Argynnis pallescens 種群　　● *A. (F.) pallescens*　　● *A. (F.) kunikanei*

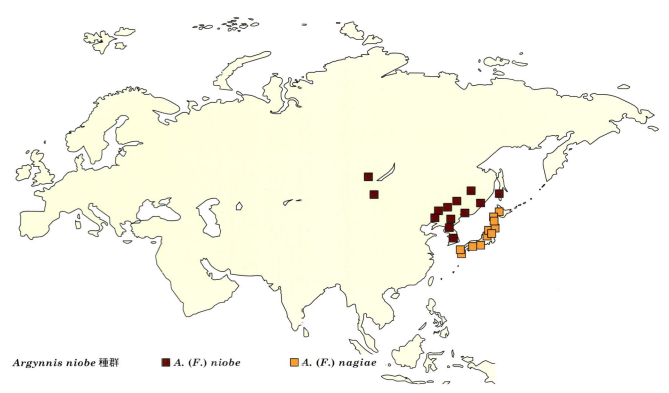

Argynnis niobe 種群　　■ *A. (F.) niobe*　　■ *A. (F.) nagiae*

新川は，遺伝子分析する中で，国外において，韓国チェジュ島における *Argynnis (Fabriciana) vorax* 及び朝鮮半島から中国にかけて分布する *A. (F.) vorx leechi* を各々種として見いだしており学名まで設定している。そのため分岐表や分布図にはその名称を使用した。今回は，それらを含め詳細に記述する予定であったが困難となった。

そこで，不十分ながら新川にかわり，両種について解説する。（岩﨑記）

Argynnis (Fabriciana) takahasii, sp. チェジュウラギンヒョウモン (Fugure 1, 1・4)

DNA 遺伝子解析では，ND5 分析において 800bp 以上塩基配列で近縁種とアミノ酸置換の非同義置換があり，16SrRNA の 900pb 以上塩基配列に塩基変異が認められることから種として考えるに十分である。本種は，*A. (F.) vorax* 及び *A. (F.) coledipe* と思われる個体の遺伝子分析を進める中で，見いだされたもので，韓国済州（チェジュ）島のみに分布する。♀のみ検しているが，形態的には，これまでの *A. (F.) vorax leechi* に似ている。なお，これまでの知見では *A. (F.) coledipe* は存在していない。種小名は高橋真弓氏に因んでいる。

Arginnis (Fabriciana) leechi (Watkins, 1924) シセンウラギンヒョウモン (Fugure 1, 2・5 3・6)

前種と同様に ND5 分析において 800bp 以上塩基配列で近縁種とアミノ酸置換の非同義置換があり，16SrRNA の 900pb 以上塩基配列に塩基変異が認められることから種として考えている。本種の分析では *A. (F.) vorax* と同所的に生息している場所があり亜種ではない。雄の uncus の先端の突起は鋭く尖り，*A. (F.) vorax* と容易に区別される。タイプ産地は四川省。

Figure 1　チェジュウラギンヒョウモン及びシセンウラギンヒョウモン
　Argynnis (Fabriciana) takahashii, sp.
　　1・4：♀ Aewol eup Jeju - City Jeju Island, Korea identical.
　Argynnis (Fabriciana) leechi (Watkins, 1924)
　　2・5：♂ Beijing, China identical.　3・6：♀ Beijing, China identical.　（※全ての標本は遺伝子分析をしている．）

日本産ウラギンヒョウモン類3種（♂）の同定法

岩崎郁雄

ウラギンヒョウモン類は表面形態が非常に酷似しており，日本産チョウ類のなかでも同定困難種に属する。これまでのところ雄については，遺伝子を利用しなくてもほぼ同定が可能である。雌についても特徴的な個体は翅形や斑紋で同定可能な個体があるが，明確に判別することは困難である。ここでは，雄について同定法を紹介する。

1. 翅形

個体の全体を見ておおよそ種の検討をつけることが出来る（Figure 1）。特徴的な個体としてサトウラギンヒョウモン（以下サト）は横長，ヤマウラギンヒョウモン（以下ヤマ）はやや横長，ヒメウラギンヒョウモン（以下ヒメ）は，四角になる傾向が強い。この傾向は北海道産によく現れる（ただし，どの種も全パターンが現れるため注意が必要である。Figures 2 - 4）。

また，外縁はサトではくびれ，ヤマは直線状となる個体が特徴的で本州以南は，サトとヤマのみ分布するため区別できる個体は少なくない。ヒメは前翅肛角部が突出することが多いが，サトにも稀ながら同じような個体がある。

サト：横長

ヤマ：やや横長

ヒメ：四角

Figure 1　特徴的な全体翅形

西日本の同地域にいるサトウラギンは大形。ヤマウラギンは小形となる傾向がある。

2. 斑紋

いずれの種も斑紋変異が重なることが多く，特にサトはいろいろなパターンが生じる。前翅表面翅端部の紋（b）はサトが明瞭に対してヤマとヒメは不明瞭となることが多い。サトでは前翅表面の4室（c）と後翅表面4室の黒紋（f）は全く消失するか痕跡程度になる個体がしばしば見られる。一般的にサトとヒメは裏面の銀紋が発達しヤマは縮小する。後翅裏面基部の縦並びの3銀紋（i）はその特徴がよく現れる。また，翅表面の黒斑はサト，ヒメで縮小傾向，ヤマは発達することが多い。前翅裏面の黒斑も同じような傾向があるが，サト（奥尻亜種）は発達する個体が多い。後翅裏面の地色（j）は変化の著しい個体もあるが，サト・ヒメでは一様でヤマは明斑など変化の現れることが多い。また，後翅裏面の方形2紋（i）や肛角に続く方形斑列（o）はヒメが赤くなる個体が多い。

サトウラギン
- a：翅表地色は明るい
- b：明瞭
- cf：黒紋は小さい〜消失
- i：3銀紋は発達傾向
- k：やや長い台形〜三角形
- m：亜外縁線は湾曲
- p：外中央地色はやや広い
- j：中央地色は一様

ヤマウラギン
- a：翅表地色は暗い
- b：不明瞭
- f：黒紋はやや大きい
- i：3銀紋は縮小傾向
- k：やや長い台形〜菱形
- m：亜外縁線は直線状
- p：外中央地色はやや狭い
- j：中央地色は変化

ヒメウラギン
- a：翅表地色は明るい
- b：明瞭〜不明瞭
- cf：黒紋は小さい〜消失
- k：やや長い台形〜菱形
- 　：方形2紋は赤色で発達傾向
- m：亜外縁線は湾曲
- o：方形斑列は鮮赤色
- j：赤色鱗粉が混じる

3. 交尾器

　サトとヤマを野外でほぼ確実に同定するためには，採集個体の交尾器にあるウンクス（uncus）を見るのが一番である．サトは，先端部（a）が突出しヤマは小さな突起列となる．腹部を指かピンセットでつまみバルバ（valva）を開くようにするとウンクスが出てくるので，20倍程度のルーペで見るとよいが，慣れてくると肉眼でも区別出来るようになる．また，ウンクスが欠損していて判別できない場合など，バルバの内側にあるアンプラ（ampulla）先端突起（d）の突出しているのがヤマで，安定している形質である．なお，ウンクスの下方に伸びる突起（c）は，サトが直線状に対してヒメはやや湾曲する．

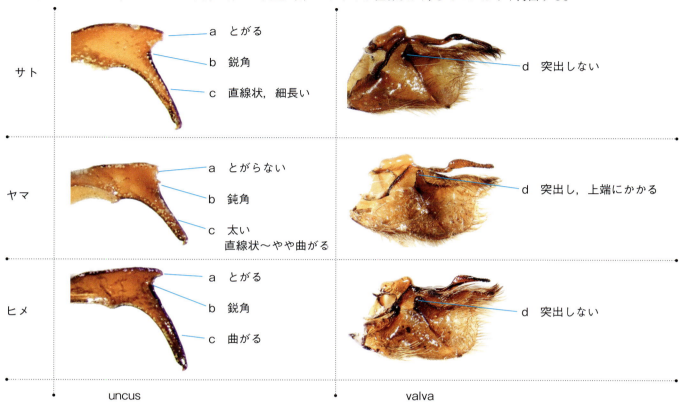

4. 発香鱗

　少し倍率の高い顕微鏡が必要で野外向きではないが，交尾器でも判明しない場合は，発香鱗による同定がより確実である．詳細については，「日本産ウラギンヒョウモン類3種の発香鱗」の項を参照されたい．

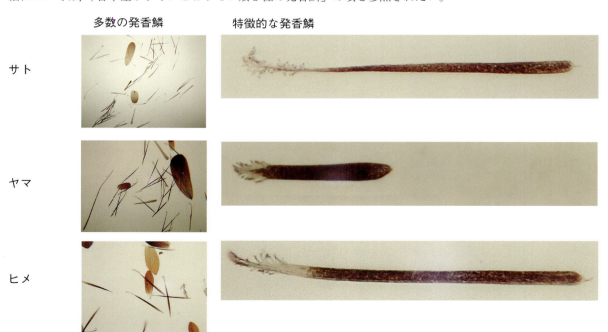

各種の翅形のパターン

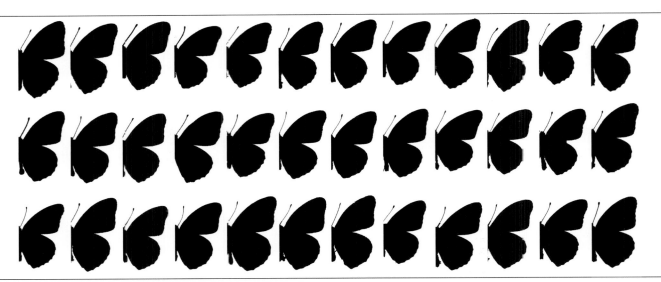
Figure 2　サトウラギンヒョウモンの翅形　宮崎県高千穂町五ヶ所高原産

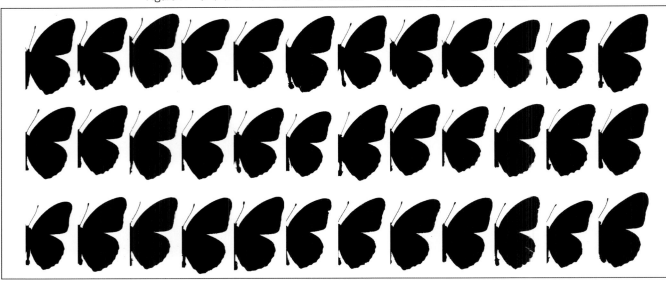
Figure 3　ヤマウラギンヒョウモンの翅形　宮崎県えびの市霧島山産

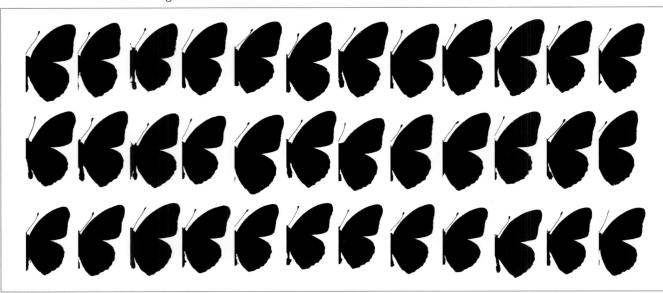
Figure 4　ヒメウラギンヒョウモンの翅形　北海道福島町千軒産

紀　行　文

紀 行 文

北海道　渡島半島調査紀行　～2007年～　　　岩﨑郁雄
Column 3　サトウラギンとヒメウラギンヒョウモン♂の探雌行動　　岩﨑郁雄
北海道　奥尻島調査紀行　～2016年～　　　岩﨑郁雄
Column 4　奥尻島のウラギンヒョウモンと新川さん　　　神田正五
トキと金山の島　佐渡島にウラギンヒョウモンを求めて　～2017年～　　岩﨑郁雄
【特別寄稿】ヒメウラギンヒョウモンとの出会い　　　國兼信之

ウラギンヒョウモン調査先の自然と歴史

1　鳥類とトンボ類の多い大沼風景　　　　　　　　　　　　　　　　　　　　　　　　　（2007年7月1日，北海道七飯町大沼）
　当地を訪れた際は，コントラストが美しく絵葉書のような光景が広がっていた。鳥の鳴声があちこちから聞こえ，大量のオオアオイトトンボが見られた。

2　咸臨丸終焉の地　　　　　　　　　　　　　　　　　　　　　　　　　　　　　　　　（2007年7月2日，北海道木古内町サラキ岬）
　初めて太平洋を往復した幕末の洋式軍艦として有名である。明治4年に暴風雨のため当地で座礁，沈没した。しばし動乱の維新に心を馳せた。

3　北海道南西沖地震の慰霊碑「時空翔」　　　　　　　　　　　　　　　　　　　　　　（2016年7月5日，北海道奥尻町青苗）
　1993年7月12日に発生したマグニチュード7.8の大地震の津波で奥尻島は甚大な被害を受けた。島の人々の思いの詰まった中央石碑で，その窪みは震源を向いている。

4　加茂湖の日の出　　　　　　　　　　　　　　　　　　　　　　　　　　　　　　　　（2017年7月2日，新潟県佐渡市両津）
　佐渡島にある新潟県最大の湖沼で，日本百景のひとつとなっている。静かな湖面には水鳥が群れ，緩やかな時間が流れている。

【撮影者：岩﨑郁雄】

北海道　渡島半島調査紀行　～2007年～
―― ウラギンヒョウモン3種が混棲する地域 ――

岩﨑郁雄

　北海道南部の渡島半島は，日本でも唯一ウラギンヒョウモン（以下ウラギン）3種が混棲する地域である。当地は2005年及び2006年に，新川勉氏や國兼信之氏と一緒に調査を行った場所でもある。しかしながら調査時期や天候が思わしくなかったため，成虫各種の生態を是非確認したいという思いで再訪することとなった。特に注目種のヒメウラギンヒョウモン（以下ヒメウラギン）は，野外で識別出来るのかかなり不安定要素が多い中，とりあえず行ってみることにした。

　なお，前回に引き続き今回も國兼氏には大変お世話になった。心から感謝したい。

6月29日（金）

　6時30分，自宅から宮崎空港ターミナルまで徒歩で20分弱。晴れているので暑く，トランクを転がしながらなので，既に到着までに汗をかいてしまった。7時35分発のANA602便の始発を利用。離陸は7時50分。飛行時間は1時間20分程で9時17分羽田空港に着陸。通常より時間がかかった。機長の話だと，南風が通常よりきつかったからだと言う。おまけに着陸は22番滑走路で，羽田で一番遠い場所のようだった。そこから飛行機は70番発着口へ移動。函館に向かう乗り継ぎ者には，搭乗口が遠いので係員がバスで送迎すると言う。歩く時間を聞いたら数分ということだったので，余裕もあり断って歩いた。なるほどAIRDOの58番発着口までは，ほぼ端から端であったが，荷物も預けていて身軽だったためかスムーズに移動できた。10時30分離陸。使用機は大型機種のB747-300で2階建てであった。それにもかかわらず満席に近く，中央席しか取れず外の景色はほとんど見られなかった。

　函館空港にはジャスト12時に着く。空はどんより曇っていた。北の方を見ると明るいところもあり雨が降らないことを願った。まず，予約していたホンダレンタカーの詰め所に行くが誰もいない。しばらく待っていると戻ってきた受付の女性にその旨を告げ，一緒に車で空港入口の向かい側にある営業所まで移動した。北海道3回目ともなると勝手が分かっていてよい。一人なので小型車のホンダFitt 4WDを選択した。車体の傷の点検をして12時40分に出発。しばらくすると雨が降り出した。天気予報は実に当たるものだ。雨の中の調査となるため途中で釣具屋に寄って雨靴を，ついでに水生昆虫用の水網も購入する。依然として雨は降ったり止んだり。

　14時48分，福島町千軒（せんげん）（K1ポイント）に着く頃には，降りがやや強くなってしまい，車中で待機することに。昨年，一昨年と変わっていることと言えば，クリやクサフジの花が咲いていて，今年は確実に季節が進んでいることだ。待っていると弱い雨に変わった。当然，草間はぬれている。カッパはしっかり準備していたので，雨対応は整った。ここは長さ100m，幅20m程の草地である。歩き回っても全く何も飛ばない。30分間ほどして，やっとヒョウモンらしい個体が草地を横切り，樹冠へと消えていくのを見た。ここは15時40分で終了。北海道のチョウは九州と異なり，まず日が射さないと出てこないので，水生昆虫類収集に切り替えた。昨年，湿地を確認しておいた河川敷へいく途中の草地で，しばし探索。ヒメシジミがいるが昨年より少ない。3～4頭採集して湿地へ向かう。以前はヒグマの糞を確認していたので，少し気を使いながら向かう。何と目的の湿地は湿っているものの全く水がない。どこかに水面があると思いながら，対岸へ行くと小さな溜まりを見つけた。早速網を入れるとすぐに中形のゲンゴロウがかかった。クロズマメゲンゴロウである。これは，普通にいるようだが，他にはゲンゴロウ類が見つからず，アメンボ，ヤゴくらいのもので種類は非常に少ない。周囲を見るとブルーのきれいなイトトンボが弱々しく飛翔している。1♂1♀撮影し採集する。この頃には，微雨となっていた。この日は終了。

　初日のみ少し高級な函館ロイヤルホテルで，後泊は全て安価な函館ホテル法華クラブを予約している。17時55分頃，函館駅の近くまで来たところ，ナビが正確でなかったのかホ

水生昆虫類を探した湿地

ンダ駐車場の位置が地図と実際とがよく判らなくなり，その付近をウロウロしながら電話をかけたところ，担当女性が道路まで出てきて案内してくれた。そのレンタカーでホテルまで送ってもらい18時10分に到着。

ところで，一緒に調査予定の國兼氏は，昼間から連絡を取ろうとするが応答がない。福島町から帰りの函館市内に入ったところで，やっと返事があった。國兼氏と言えば，オシマルリオサムシの熱愛者でもある。渡島半島の特産種で日本産オサムシの中でも美麗種である。このところ何年来も分布を調べられており，その境界部を探り当てたそうだ。また一方では，北海道パワーエンジニアリング（ほくでんグループ）に在籍し北海道電力の知内火力発電所勤務の技師だ。この週は発電機の調子が悪く，通常の半分の出力しか出ないために夜遅くまで対応に追われていたとのことである。そのため土日の予定が分からず連絡が遅れたとのことで非常に恐縮されていて，かえってこちらが申し訳なく思った次第だった。結局，発電所のほうは抜本的に修理することで休みがとれることになり，一安心であった。そこで夕方，打ち合わせをしようということになった。

19時，國兼氏がホテルへ迎えに来てくれた。一緒に明日からの作戦も兼ねて，前哨戦を行うことにした。居酒屋はどこも満員で，やっと空いている海鮮料理店が見つかった。メニューは近海であがる刺身が中心。おおいに食べ，十分に話をした。ところが，ホテルに帰ってから差し込みが始まり，一時どうなるかと不安に思った。函館名物のイカ刺しが美味しく，普段食べない量を摂ったらしい。持参していた腹痛の薬を服用すると程なく良くなった。その後は快腸に過ごせた。

國兼氏によると，2日前には，千軒のK1と称したポイントで，ウラギンが数頭飛んでいたとのことであった。特に3年前は発生が早かったようで，その後の2年間は遅れたようだ。今回は少し期待が持てそうだった。（後でニュースで知ったが，函館は6月の最高気温30℃以上の夏日が8日間と77年間の観測史上新記録を作ったそうである）。翌日は取りあえず，K1ポイントとその周辺部を探ることにした。

6月30日（土）

國兼氏が，8時30分にホテルへ迎えに来てくれる。空一面に曇っており，雨がパラパラと落ちてくる。天気予報では午後から回復するとのことだが，道南の天気は変わりやすい。

國兼氏の車はボンゴタイプだ。デジタルカメラを取りに行くとのことで，知内町元町の火力発電所の職場に寄る。この発電所は約200 mの煙突が2本あり，原・重油を使うことで日本で認められた最後のものになると言う。現在の燃料は重油だけだそうだ。

発電所周辺にもウラギンが出没するそうで，9時45分，近くを探索することにした。道路脇人家から少し入ったとこ

ろに荒れ地があった。そこに入ると1♂飛翔。吸蜜したげだが，速くてなかなか落ち着かない。そうしているうちに見失ってしまった。ふと見ると，多分10 m四方を水抜き掘削した跡にシオヤトンボが多数飛んでいる。ハラビロトンボもいる（写真9，10）。國兼氏によるとハラビロトンボの北限記録は長万部町で，今は絶滅したのか見ることが出来ないという。成虫が確認できるのはこの付近で北海道のRD種になっている。九州では最普通種なので，なかなかピンとこない。取りあえず，雄がいたため撮影し採集した。北海道の個体は腹部の背中線が明瞭でブルーが鮮明，何よりも小型である。草原を歩いていると先ほどのウラギンだろうか葉上に静止している。慎重に近づき撮影する。2カット撮ったところで，逃げられてしまった。おそらくサトウラギンヒョウモン（以下サトウラギン）であろう。

10時5分，はじめに涌元から千軒のK2ポイントを目指す。10時44分に到着し。集落の空地に駐車したところ，畑で栽培している紫色のエゾクガイソウに既にウラギンがきていた（写真4，5，8）。國兼氏によると特にこの花を好むらしい。他にはジャガイモの花も咲いており，2頭ほどが訪花しているようだったが葉上に止まっていて吸蜜は確認出来なかった。その隣のエゾクガイソウの花を見ると南九州でもお馴染みのカラスシジミが吸蜜していた（写真3）。私の方は，昨年ウラギンが見られた左奥へ進む。道の草刈りがされてなく雑草がはびこり，ズボンが露でびっしょり濡れてしまった。少し進んだところで1頭飛翔。さらに進むがその姿は見えない。そうしているうちに國兼氏から携帯に連絡が入る。こちらはウラギンがたくさんいるとのこと。早速，今きた道を引き返した。

最初に分かれた地点で合流すると，畑の奥へ入ったところで，栽培種と思われる赤みの強いタンポポにウラギンが吸蜜している。また下を見るとシロツメクサにも訪花。ここは少なく，最奥の草地に向かうが，遠目にはその気配を感じない。約80 m程歩くと樹林で三方を囲まれた低い草地となる（写真1）。花はほとんど咲いていないにも係わらず，よく見るとあちこちに低く飛んでいるウラギンがいた。成虫の姿は全く分らなかったので，かえって驚きだった。雄が草間を縫うように飛翔しながら探雌行動をとっている。雌が見当たらないと，林を越え飛び去る個体が多い。どこへ行っているのであろうか？　サトウラギンと野外では赤く見えるヒメウラギンを撮影する（写真6，7）。

12時を回ったので昼食をとることにした。國兼氏によるとあまりお勧めではないことであるが，近くにあるのは「千軒そば」屋だった。何と水木土日，11時30分から14時30分の限定営業。幸運なのかこの日は土曜日。中は整然としてとても綺麗だ。前金制で野菜天そばを注文。800円で少し高い気はするが，まずまずの味。昨日，夕食代を私が出したこ

曜日，時間限定のそば屋

ともあり，ここは國兼氏が支払った。

　12時20分，K1ポイントにつく頃には薄日が漏れるような天候となった。草間には，2～3頭飛んでいるものの数は少なく，またかなり速く飛んでいる。私は，カメラと採集用具でなかなか身動きがとれないが，國兼氏はウラギン♀を捕まえた。ヒメウラギンのような個体だ。その後，近くでは写真も成虫もとれないので，この場所はこれくらいとした。

　K1ポイントも他の産地にも多いのが，イネ科植物の「カモガヤ」と呼ばれているヨーロッパ原産の牧草である。丁度開花期にあたり，濡れているとやたらにズボンなど衣服に付く。そればかりでなく，乾燥すると今度は花粉症の原因となる。事実，これまでの2年間，私はその影響を受け，道南にいるときだけ発症していた。今回は予防薬を飲んで備えていたので，全期間中ほとんど気にならない体調であった。ただ，國兼氏も花粉症で少し症状が出ていたようで，薬の紹介をしたところであった。ちなみに私は掛かり付けの医院で「ジルテック」という薬を服用している。1錠で24時間効き目があり，何よりも眠気がほとんど来ないことが利点である。体質によって適否があるようなので皆に適合するかは分からないが，欠点は1錠100円ほどもする高価なものであることだ。

　今度は範囲を広げてK1ポイント周辺部を調べることにした。ウラギンを観察していると東側の樹林を飛び越えていく個体がいる。13時38分，発生地があるかもしれないと飛んで行く林の方へ移動する。その入口は草が刈られているが，奥の草原らしいところは，手前がオオイタドリで覆われている。それを倒しながら先に進むと，背丈の高い草地となった。獣道に沿って進むと，ウラギンが素速く飛んでいる。しかしながら，多数がいる環境ではない。オオイタドリの根際には，あまり多くないもののタチツボ系のスミレが見られた。ふと草地を見ると，チラチラ飛翔するチョウがいて確認するとギンイチモンジセセリだった。それほど珍しいものではないとのことであるが撮影をする（写真2）。ところで，歩いてきた獣道はクマ（ヒグマ）道であったらしい。国道であっても10mも奥へ入るとクマの影がつきまとう。ここでK1ポイント周辺をあとにする。

　地図で確認すると湯の里集落にある工場の少し上に畑地がある。ツラツラ林道へ繋がる旧道である。良さそうなところを見ながら先へ進むと，まもなく伐採後随分たった植林地となる。水たまりの出来た未舗装道路を先に行くと立派な2車線の農道らしい場所へ出た。ここには池があるようで，草地もあり調べて見る。しかしながら，草原自体が新しく，ヒメウラナミジャノメが少数飛んでいるだけでヒョウモン類は見られない。ここから，知内温泉へ抜け，再び湯の里の畑地へと戻った。クリ園を中心とした休耕畑地が目立つ。すると國兼氏がモイワサナエを採集。休耕地にはヒメジョオンが多く咲き，ところどころにアカツメグサが咲いている。比較的大きなクリの木の回りをヒョウモン類が飛んでいる。しばらくすると，降りてきて静止。ウラギンの雌で私が慎重に採集する。見た目にはサトウラギンのようだ。そこから広い畑地を調べると，アカツメグサにウラギン雄が吸蜜中でこれも難なく採集。國兼氏も2頭ほど見たとのことだった。畑地の面積の割には，個体数は多くない。

　ここから，既知産地の湯の里へ向かう。個体数が多いという畑地はすっかり，草が刈られており全く花がない。周囲を探索しながら道路の反対側にブタナの大群生地があった。一見，何も飛んでいないが，近づいて見ると下草の花でウラギンが吸蜜している。全く外からは気配がなかったため，中に入らなければ分からないだろう。これまで，ここではサトウラギンしか確認されていないということであるが，2人で6頭ほど得ることができた。

　国道に戻り，K1ポイントの手前から河川に降りる道へ移動する。入口付近に休耕畑地があり，調べるがスミレ類はなくヒョウモン類もいない。近くを散策していると，グリーンに光るシジミチョウが飛翔してきた。ゼフィルスである。國兼氏によると今の時期であれば，エゾかジョウザンミドリシジミではないかということである。水田までの途中の小草地に寄るとアカツメグサが咲いている。チョウはほとんどいない。突然，國兼氏の「ヒョウモンが上空に2頭いる」との声がした。見上げると，ニホンカワトンボ2頭の雄が縄張り争いで絡み合っているところであった。余りにしつこい絡み合いはカワトンボ類では見たことのない光景だった。念のため採集して種の確認をしている。

　河川敷へ降りると，ヒョウモンが1頭飛んでいる。直ぐに飛び去ったが，辺りを見るとハラビロトンボが群棲していた。約200～300頭はいるだろうか。これほどの大発生地を見ることはなかったらしく，國兼氏はなかり興奮していた。多数のハラビロの中に変わった中形のトンボがいた。私が採集しようとするが，なかなか採れない。そうしているうちに國兼氏が1頭採ってきた。何のことはないヨツボシトンボだった。

キタイトトンボ（写真11）やハラビロトンボを少し撮ってから元の国道へ戻る。途中の小草地で國兼氏がヒョウモンを発見。これは採集出来なかったが、もう少し登ったところで、路脇のウラギン1♂がアカツメグサに訪花しているのを採集されていた。

帰りは、松前国道沿いにある「知内スキー場」に寄ることにした。駐車場から歩道橋を渡っていくと、草地はわりと低く、ブタナ、アカツメグサ、ヒメジョオンなどが咲いている。ウラギンらしいヒョウモンを國兼氏が目撃。作業道を上部まで登っていく途中、樹林の縁にタチツボスミレ系が生えていた。平坦の空間にはエゾ系のトンボが飛んでいて慎重に採集を試みるがネットの枠に触れたらしく頭が飛んでしまった。これは、後でエゾトンボ雄と同定し標本化した。樹上では、チョウ類が何種か飛んでいて、蛾類のアゲハモドキも飛翔した。

最後の最後に中野川の林道を上流部へ移動しながら、ウラギンの生息していそうな場所を探る。しかしながら、良さそうな場所はなかなか見つからない。ここで、引き返そうとしたところで國兼氏がコムラサキを見たという。川辺へ降りるとシータテハが縄張りの中心に止まっている。これを撮影して（写真12）、16時、帰途についた。17時45分、宿泊地の函館法華クラブに到着。

翌日は、函館周辺と大沼周辺を調べようと言うことであるが、天気も良さそうで、以前から記録のある乙部（おとべ）まで、館町に寄るルートを選択することにした。

7月1日（日）

当初、9時出発が8時25分と早くなった。まず國兼氏の自宅を訪れ、前年採卵されたヒメウラギンの母チョウからの羽化個体を見せてもらうことになった。この母チョウは新川氏がDNA分析したもので、約30頭を見るかぎり、翅形にもばらつきがありそうだ。國兼氏からは、美しいミヤマカラスの展翅雌雄標本を頂いた。

この日の天気は晴れたり曇ったりでまずまずである。函館から江差道へ車を走らせる。トンネルを越え防災ダムの湖を過ぎたあたりからほぼ平坦地となる。ここから館町へ入る。

最初の目的地は、国指定史跡の館城跡である（写真13）。昨年雨の中、ギンボシヒョウモン（以下ギンボシ）、エゾシロチョウを採集したところでもある。着くや否や、ヒョウモン類が、サクラ植栽地の明るい草地の中にいるのを見つける。ブタナが少ないながらまとまって咲いており、その周辺を主に飛んでいる。ここは、ギンボシが多く新鮮なウラギンもいる。花で吸蜜する個体は少なく、素速く草地内を飛んでいる。時々、探雌行動をとるが、その時間は短い。ここでは数頭採集する。疎林の地表近くではアブラゼミが羽化していた。近くにまだ羽化殻があり、早速撮影する（写真14）。ニイニイゼミは鳴いているし、遠くにはエゾハルゼミの声も聞こえる。その他は、ヒメウラナミジャノメが少数いて、コミスジ、キマダラヒカゲ、ベニシジミ、オオモンシロチョウを目撃するも、全体としてチョウ類の個体数は少ない。杉林の中には、タチツボ系のスミレが多く生えている。これが、おそらくヒョウモン類の食草となっているのであろう。

西へ800mほど行ったところに広い作付けのない畑地が広がっている。道路際で國兼氏がウラギン雌を採集。中程で私が雄を採集する。かなり探すもそれだけで、どうやら発生地にはなっていないらしい。さらに西のスキー場へ行く。当然、草地はあるが草丈が少し高い。ヒメウラナミジャノメが少なからずいる。突然草地の中程でウラギン雄が飛び出す。やっとこれを追いかけて採集したのみで追加はなかった。近くの草地にはコキマダラセセリがいた。

ここから乙部（おとべ）方面へ向かう。時間も昼になってきたので、町に出て食事にする。俄虫（がむし）橋から少し行ったところにドライブインがある。元祖醤油ラーメンのふれこみに惹かれ、これを注文する。割とあっさりとした味だ。

食事もそこそこに済ませ中崎林道へ車を走らせる。地図でナビゲートしながらやっと林道入口に着いた。しばらく行くと明るい環境になり大形のシジミが飛んでいる。これは自己初のカバイロシジミ採集となった。さらに林道を登って行くと路脇はオオイタドリに覆われるようになり林内はよく見えない。時折ミスジチョウがチラチラと飛翔する。尾根に出ると突然天井が開ける（写真15）。伐採地跡がありウラギンが顔を出したため車を降りて調べる。周辺にある草地は藪に遮られ周囲がよく見えないが、ウラギンやギンボシ、ミドリヒョウモンは時々道に降りてくる。ウラギンを3♂採集したところで、國兼氏の慌てた声がした。近くにヒグマがいると言う。林道脇を見ると真新しい熊の寝床があり確認撮影（写真16）。バッタリ出会ったら大変なことになるので直ぐにこの場所を退散する。じっくり、中崎林道を調べるつもりであったが、時間に余裕が出来たので函館方面へ引き返し大沼公園へと移動することにした。

大沼公園周辺の環境を見ると、ウラギン発生地は昨年とさほど変わっていなかった（写真17）。ヤマウラギン（写真

俄虫橋

19, 20, 22)，サトウラギン（写真21, 22），ギンボシ（写真24）は少なくなく，ヒョウモンチョウ（写真23）も飛んでいた。スミレ類は荒れ地一面に群落を形成しており，理想的な発生地となっているようだ。足下ではコガタスズメバチの女王がとっくり状の初期巣を造っていた（写真25）。

18時15分，法華クラブに到着。

7月2日（月）

この日から単独調査となる。予報では今日まで天気が持ちそうなので，千軒のポイントを攻めることにした。レンタカーが9時でないと来ないとのことで，法華クラブ出発は9時10分となった。途中で弁当と水を調達。10時26分に千軒K1ポイントへ到着（写真26, 27）。車を止めると，ウラギンがチラホラ飛んでいる。とにかく写真を撮ろうとするが動きが速く，また落ち着かないのでなかなか撮れない。アカツメクサで吸蜜するが近づくと逃げる。ここは遷移が進んでおり，個体数も少なくなってきている。草刈りをしなくては，いずれ消えてしまいそうである。ウラギンは常時2～3頭は飛んでおり，クリにも訪花している（写真33）。訪花時間は意外と短く，クリの大木の周囲を周回していることが多く，主として探雌行動と思われる。そのうち1頭が近くに来たため採集する。新鮮できれいな雄だ。ぱっと見た範囲では，ヒメウラギンかサトウラギンか分からない。そうしているうちにエゾハルゼミが鳴き始めるが1頭のみで昨年と比較し少ない。道南も宮崎でもセミの出始めはバラバラで少ないと感じた。飛翔してきたサラサヤンマを採集（写真38）し，道路沿いに飛翔するウラギンを観察。ふと見ると，スモモの木にまとわりつくように大形のミスジがいる。オオミスジだ（写真35）。道南にオオミスジがいたのか定かではなかったが，後で國兼氏へ聞くと数少ない産地のひとつだと言う。思わぬ副産物で新鮮な1♂を採集する。

11時30分ころまでK1にいて，場所をK2ポイントに移す。ウラギンは結構飛んでいる。北海道では，食草のあるところで多く見られるが，ないところでは極端に少なくなるような気がする。九州でもどの地域でも傾向は同じで北海道は特に顕著なようだ。よく見ると大小2種類のウラギンが認識出来る。ただ，これが種判別にただちに繋がるとは思えないが，大きい方がサトウラギン，小さ目がヒメウラギンという感触（この時は帰ってから標本を精査すると同様の結果だった）。天気は晴れたり曇ったりである。草地を飛んでいたウラギン雄は，曇ると樹高15～20mもある樹上に飛び去り，中には途中で翅を休める個体も確認出来る。針葉樹の約3.8mの中程に静止した1♂は表面の葉ではなく，内部の小枝に止まっていた。また，空が晴れ明るくなると，スーと降りてきて探雌行動を始める。特に食草のある付近では滞在時間が長い。草地にいる極く新鮮な個体は，羽化して間もないのか小飛して葉上で翅を休めるのも観察できた。ウラギンは正に樹林性と思えるチョウである。ここでは他にクロヒカゲ（写真36）を採集した。

13時30分，知内町のチリチリ林道入口へ移動する。この付近は畑地となっており，耕作がなされておらず，畑一面にブタナ（別名タンポポモドキ）のお花畑となっている。一見して，チョウのいるような動きは見られないが，一歩中に入ると直ぐにウラギンが飛び出す。畑の縁に添ってチョウ道を形成するように飛び，またブタナの花で吸蜜する個体も見られる。数はあまり多くないが1♂採集し4頭目撃した。

ここから，直ぐ近くの知内ダムへ向かい，途中にあるK3ポイントへ移動。ここはブタナの周辺をウラギンが飛んでいるが，なかなか落ち着かないし，昨日調べた数よりも少ない。1♂採集，4頭目撃。最後に再度，K2とK1ポイントに寄り，ウラギンの飛翔活動を確認した。15時過ぎにサトウラギン♂を採集。その後，ウラギンは全く飛ばなくなり，樹上から降りてこなくなった。薄日が射しても同様だったので活動を休止したと思われた。足下には羽化して間もないニイニイゼミがいて撮影する（写真37）。17時15分調査終了。

帰途，車の中から前方に函館山が見え，山頂上に笠雲が出来ている。珍しいのかどうか分からないが，結構，絵になりそうなので，適当な撮影場所を探す。北斗市三ッ石3丁目に差し掛かったところで，海岸方向に車を止められる荒れ地を見つけ，ここから撮影する。函館山は低いながらも，半島状に津軽海峡に突き出た孤立峰でこれからの天気を知ることの出来る特徴的な雲が発生しやすいのだと思う。18時30分，法華クラブ着。

函館山にかかる笠雲

7月3日（火）

予報と変わって天気は持ち直し，幸運にも晴れ時々曇となった。昨日はK1敗退。K2ではまずまずの成果であったが，この日もう一度，千軒周辺を詳しく探索することにした。軽い朝食を済ませ，法華クラブを8時15分に出発。

K1ポイントには9時35分到着。昨日と同じで，ウラギンはあまり飛んでいない。それでも，2～3頭が草間を移動し

ている。なかなか採集出来ないので，K2ポイントへ移動する。ウラギンポイント手前の草地にヒメシジミの雌を見つけた。雄はK1ポイント近くの河原に多いのだが，雌はあまり見ないのでこの個体を撮影する。10時55分，さらに奥へ行くとやはりウラギンが飛んでいる。2♂が草間を探雌行動している。そのうち草地に静止した1♂を撮影（写真43）。新鮮個体で種名は即断出来ず採集する（宮崎へ帰ってから精査するとヒメウラギンだった）。11時になると草間を素速く移動する個体が目立ってくる。ここのポイントは草地を樹木で囲まれている環境である。ウラギンは樹上から出現して草地に降りてくる。少し探雌行動をとる個体もいるが，5分間に目撃した5♂（重複個体もあるかもしれない）は，いずれも飛翔が速く，再度樹上に飛び去ってしまう。最初は，K2ポイントの狭い範囲のみに見られたが，次第に活動範囲が広がり，隣の短く刈り取られた草地（スミレ類はほとんどない）まで飛翔するようになる。ここは，孤立木が3～4本あるが，これに固執するように探雌行動をする個体も多くなる（写真39～42）。枝先を舐めるように探雌行動をしていて，これまた下に降りてこない。雌が枝先で休んでいるのか興味深い行動である。ここは鳥の鳴き声も周囲に響き，ウグイス，アオバトやイカルが樹木の先端でさえずっていた。11時43分，K2ポイント調査終了。

再度，K1ポイントの状況を見に行く。ウラギンは飛んで

鳴声の美しいイカル

いるのだが，ここでも飛翔が速く，なかなか撮影出来ない。他はエゾハルゼミが1頭鳴いているのみで昨年のような複数鳴声は聞かれない。スモモの場所をチェックするとオオミスジがいた。

12時23分，湯の里K3ポイントへと移動する。ブタナにウラギン1♂が訪花しており撮影する。それ以外には付近の草地で探雌行動をする雄を見たのみ。ここから，約200m離れた道路から少し入ったブタナの生える荒れ地へ移動。ウラギンを1頭見るが，雌雄の判別は出来ず。先を見ると背の高いオオイタドリ群落の中にトンネル状に穴が空いている。おそらくヒグマの通り道のようである。ここを潜ってさらに進むと，アキタブキが円形に食べられた痕が2カ所見つかる。

ヒグマの通り道

折れ口はそんなに古くはない。身の危険を感じたので写真を撮って退散する。後で國兼氏へ聞いたのだが，ここには2頭のヒグマが徘徊しているそうである。昨日夜のニュースでは，道南にある町の人家周辺にヒグマが出現し，注意看板が立ったという報道があった。人気のある直ぐ近くにまでいるとは，やはり道南もヒグマが多いのであろう。

12時52分，チリチリ林道入口のブタナ群落へ立ち寄る。ウラギンは少数採集，5♂目撃する。モンキチョウや昼行性の蛾も見られた。約30分間調べて知内温泉を経由してK1ポイントへ戻る。スモモの木にオオミスジがまた来ており撮影する。ウラギンは，クリの花の周囲をまとわりつくように飛翔している。少し吸蜜する個体もいるが，たいがいは探雌行動のようである。ここの草地では2♂採集。

14時28分，再度K2ポイントへ行く。ウラギンは枝先に固執しながら2♂が飛翔している。時折地上にも降りてきて探雌行動。その行動は樹木の場合，孤立木であれば，草地上0.3～1mくらいのところを飛翔し，樹木の下方から枝先を回転するように上って行き，先端近くになるとそのまま枝先を伝って草地に戻り，次の樹木に取り付くような行動をする。また，樹林の場合は，その林縁部の観察からすると2パタンがある。ひとつは草地から飛び立ったウラギンは樹木の下方から枝先を舐めながら上昇し，上方付近まで達するとまっすぐ下まで降りて隣の樹木に移り，再度探雌をしながら上っていくパタン。もうひとつは樹木の中程の枝先にほぼ並行に取り付きながら，上下し探雌するパタンがある。これを2～3本から数本繰り返した後は，再び草地に降りる個体と，樹林の奥に飛翔していく個体に分かれる。K2ポイントでの探雌行動は，15時15分過ぎまで見られた。その後は，晴れているにもかかわらず，全く飛翔しなくなった。また，観察中には占有行動も見られ，14時49分頃には枝先探雌していた

エゾトンボ♂

新鮮なギンボシヒョウモン♀

雄が小鳥を追飛する姿も見られた。そのほか，ウラギンポイント上の草地では，エゾトンボが2頭，摂食行動や追飛行動をしている。このうち1♂採集し，さらにサラサヤンマ1♂も目撃。15時47分，再々度K1ポイントへ移動。K1・K2を行ったり来たりして観察を続ける。K1のウラギンはこの時間でもまだ飛翔個体がいて，雄が別の雄を追飛している。全部で4頭見かけ，全て枝先探雌行動をしていた。またまた，オオミスジ2♂飛翔確認。ヒメウラナミジャノメ，イチモンジチョウも見る。

ここから別産地を求めて千軒開拓方面へ行く。地図でみると結構草地があるようだが，ほとんど牧草地のようだ。道路沿いでオオモンシロチョウの小形を採集したと思ったら，本物のモンシロチョウだった。前々日，ハラビロトンボの群生地を見つけていた千軒の工場下の水田に向かう。時間も遅いせいもあるかもしれないが，ハラビロ20♂2♀を確認し撮影する。ヒメシジミ1♀を採卵用に捕獲。17時7分調査終了。法華クラブには18時35分着。

7月4日（水）

いよいよ最終日だ。天気は曇の予報だがところによっては雨と言う。いつまでもやきもきさせる函館の空模様だ。8時35分，法華クラブを出発。目指すは，國兼氏から教わった函館郊外山中の伐採地である。途中，セブンイレブンに寄り弁当と水を調達する。

函館大学の校門を過ぎ，鈴蘭ヶ丘の林道へ入る。やより小雨がぱらついてくる。周囲はジャガイモ畑と牧草地である。とてもヒョウモン類のいそうな環境ではない。さらに奥に車を進めると樹林となり，急坂を登り切ったところで視界が開けた。9時22分，鈴蘭ヶ丘の奥伐採地に到着（写真44，45）。何とそこにはヒョウモン類が2～3頭飛んでいる。ここが目的の伐採地であることを確信した。面積にして100 m×300 m以上はありそうである。小さな斜面が丁度良いくらいの草地となっている。適当にブタナの群落があり，巨大なマルバヒレアザミが目につく。しばらく，様子を見ていると，予報に反して次第に天気が回復してくるではないか。日が照ると，樹林から次々にヒョウモン類が降りてくる。ここはほとんどがギンボシで，新鮮な個体はウラギンが多いようである。國兼氏によると，先週はまだ出ていなかったということ

なので，出始めということだろう。それにしてもヒョウモン類はなかなか落ち着かない。上下方向に移動しながら，時折探雌行動をとっており全てが雄である。曇ってくると付近に止まって翅を開く個体がいる一方で，ほとんどが樹上へと飛び去ってしまう。また，晴れてくると探雌行動に移ったり，マルバヒレアザミやブタナで吸蜜したりする。

さて，林道から伐採跡地の50 mほど下に定点を設け，観察しながら個体の採集も試みる。2／3がギンボシで新鮮な個体（写真50）もいるが，傷んでいるものが多い。残りの1／3はウラギンである。目視ではサト，ヤマの区別は困難であるが，感触としては両種が混じっているようだ（写真46～49，51）。最初は正午で切り上げるつもりだったが，さらに天気が回復して暑いくらいとなったため，しばらくここで観察することにした。すると大形のシロチョウが下から飛翔してきた。ウスバシロチョウだ。この時期にはもう終わっていると思うも何と新鮮個体だった（パルナシウスには全く縁がなくて，一昨年，函館市鉄山で採集したのが初めてであった）。構えてネットを振ると，見事にすり抜けられた。一方ウラギン採集は，足場も悪いせいかなかなか追加個体が稼げない。結局，14時まで採集・撮影することになった。

飛行機の時間もあり，気になりながら鉄山方面も見てみようと考え向かったが，到着するまで思いのほか時間がかかり，結局海岸側の林道入口付近を僅か10分間程見たところで，時間切れとなってしまった。おまけにヒメウラナミジャノメくらいしか飛んでいなかった。

レンタカーの予約時間は16時までで，返却場所の空港に到着したのは15時50分の10分前。まだかと係員が待ちかまえていた。直ぐに点検をして空港まで送ってくれた。17時10分，無事飛行機は函館空港を離陸。羽田乗り継ぎでは時間がないため一番前の座席に座らされる。前と言っても座席番号1番ではなく，なぜだか2番であった。乗り継ぎ時間は30分間もあるのだが，何せ羽田に着いてからの飛行機の移動時間が長いのである。この時間帯の空港は特に混んでいて，なかなか降りられない。宮崎行きは，19時だと言うのに機長は18時50分到着という。結局，45分に降りた。間に合わないということで，空港専用24人乗りマイクロバスに一人乗せられ最短距離を発着口下まで移動。そこから階段

で昇り，ドアから入ると搭乗口に乗客が列を作っていて機内へと乗り込むところであった。北海道の帰りは，いつもながらスリル満天の乗り継ぎである。19時20分，飛行機は無事，羽田を離陸。20時50分に宮崎空港に着陸した。

帰宅した翌日，何かにかぶれたらしく腕や手の指が赤くはれている。2，3日後には，少しひどくなったため薬局に行って薬を購入。これが悪かったのか，かぶれはひどくなり，とうとう1週間後に皮膚科へ行くはめになった。医者によると重傷であるらしく，強い薬をもらい治療する。半月程かかってようやく回復にむかったが，一部に傷跡が残っていていつまでも痒い。

原因は何か？　どうやら最終日に歩いた伐採地の草地があやしい。周囲の樹木にはツタウルシが多く，十分気を付けていたにもかかわらず，幼木はツタの葉にそっくりでほとんど警戒していなかった。今考えるとノブドウなどのツタとばかり思っていた。また函館周辺にはタチウルシという猛毒種があってこれにかぶれると特にひどいらしい。よく伐採地に出てくるという。葉などから分泌されるウルシオールが主原因とされる。今回肌を見せていないところまでかぶれている。調べてみると，気化した有効成分のラッコールが周囲に漂っているという。葉に触った覚えがないのに，かぶれているのは，そのせいだと思われる。昨年は，マダニに噛まれ，今回はウルシである。こんなお土産も終わってしまえば良い経験であろう。

Column 3　サトウラギンとヒメウラギンヒョウモン♂の探雌行動

岩﨑郁雄

　2007年7月3日，福島町千軒の生息地で観察したウラギンヒョウモン類(♂)の探雌行動の軌跡を示したものが下図である。この日はヤマウラギンが全く記録されなかったので，サトウラギンとヒメウラギンの両種の可能性が極めて高い。特にヒメは1♂ながら採集後確認している。詳細は紀行文の中で述べているが，林縁部及び離れている孤立木における飛翔形式を図示した。

林縁部の飛翔パタン1（樹冠を越える）

林縁部の飛翔パタン2（草地に戻る）

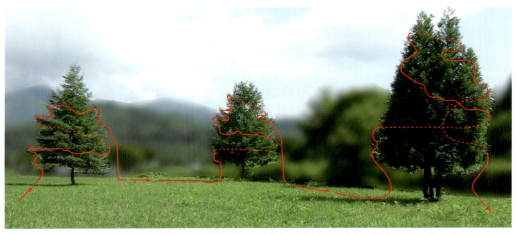

孤立木における探雌行動の一例（草地から樹木，草地を飛翔し樹木に取り付く）

写真1　福島町のウラギン生息地
（右は國兼氏）

写真2　ギンイチモンジセセリ

写真3　カラスシジミ

写真4　エゾクガイソウ花上のウラギン

写真5　サトウラギン♂

写真6　ヒメウラギン♂

写真7　サトウラギン♂

写真8　サトウラギン♂

写真9　トンボ類のいる湿地

写真10　日本北限のハラビロトンボ♂

写真11　キタイトトンボ♂

写真12　占有するシータテハ

◆ 所　感 ◆

　6月30日，渡島半島南西部の知内町から福島町を國兼氏とうろうろする。昨年の経験からウラギンヒョウモンのいる場所が摑めてきた。北海道は草地があちこちにあるが，ウラギンはどこでもいるわけではない。生息地には，サト，ヤマ，ヒメの3種が混棲している。見た感じではサトは多いがヒメは少ない。後で検鏡して確認するとヤマは全く見られず，サトが圧倒的に多かった。おそらくヤマは少し発生が遅れるのであろう。草間とチラチラするのはギンイチモンジセセリで訪花しているのはカラスシジミだった。南九州でも分布がみられるがおなじみのチョウだ。

　ブタナの咲く湿地には，九州では最普通種のハラビロトンボがいて日本北限という。腹部の青味を強く感じた。それと同時にキタイトトンボは初めてみるトンボであった。林道を進むとシータテハが翅を広げて静止している。個体数が多いためか余裕で近づき撮影できた。宮崎では，成虫を見ることも難しいが極めて敏感で近接撮影はもっと難しい。

写真13　館城跡の草地

写真14　アブラゼミの羽化

写真15　中崎林道のウラギン生息地

写真16　ヒグマの座っていた場所

写真17　大沼公園のウラギン生息地

写真18　サトウラギン♂

写真19　ヤマウラギン♂

写真20　ヤマウラギン♂

写真21　サトウラギン♂

写真22　上：ヤマウラギン♂
　　　　下：サトウラギン♂

写真23　ヒョウモンチョウ

写真24　スミレ群落上のギンボシヒョウモン

写真25　スズメバチの女王と巣

◆ 所　感 ◆

　7月1日，厚沢部町館城跡の草地にもヒョウモン類がいた。草間ではアブラゼミが羽化していた。山手の林道を登り切ると視界が開け，そこがウラギンの生息地となっていた。直近までヒグマが座っていた笹原では冷や汗をかいた。大沼公園では荒れ地が結構あり，各種ヒョウモン類が多い。ここは，ヤマウラギン，サトウラギン，ギンボシ，ヒョウモンチョウがいる。ふと見ると，コガタスズメバチの成虫がこちらを睨んでいた。

写真26　福島町のウラギン生息地（1）

写真27　福島町のウラギン生息地（2）

写真28　成葉となったスミレ群落

写真29　アカツメグサ上のサトウラギン♂

写真30　サトウラギン♂

写真31　静止するサトウラギン♂

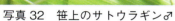
写真32　笹上のサトウラギン♂

写真33　クリで吸蜜するウラギン♂

写真34　典型的なサトウラギン♂

写真35　食草スモモ上のオオミスジ♂

写真36　小型のクロヒカゲ

写真37　ニイニイゼミ

写真38　サラサヤンマ♀

◆ 所 感 ◆

7月2日，ウラギンヒョウモンの見られる場所はたわいもない草地で，アカツメグサなどの多数の花とスミレ類がセットとなっている。一度吸蜜を始めると花に移りながら吸蜜を続ける。どれくらい蜜を吸っているのだろうか？　草本性の花が主流で，クリなどの木本でも確認できた。樹木は高いところが多いため，観察は難しい面もあるが，草本の花がないときでも利用出来ることなのであろう。サトウラギンヒョウモンが笹の葉に静止していた。前翅のくびれや裏面銀紋の発達などでそれと分かるが，かなりな個体数を見ていないと判断は難しい。ふとスモモの木を見上げると大形のミスジチョウ類が緩やかに飛翔している。オオミスジだ。少し遠目だが撮影することが出来た。北海道のクロヒカゲは小型でその斑紋も九州人からするとかなり変わってみえる。遺伝子では，違いが出てくるのではないだろうか？　足下にはニイニイゼミがいた。羽化殻があったところから当日羽化したものだろう。目の前をヤンマが横切った。捕獲するとサラサヤンマの♀だった。北海道でもそれほど珍しいものではないようだ。

写真39　飛翔するウラギン♂

写真40 – 42　モミの枝先上を舐めるように飛翔するウラギン♂

写真43　静止するヒメウラギン♂（採集して確認）

◆ 所　感 ◆

　7月3日，天気はまずまずで福島町のウラギンヒョウモン生息地で時間をかけて視認出来る範囲の成虫の追跡調査をする。
　雌は全く見られず，全て雄である。草地でせっせと吸蜜する個体はいるのだが少なく，この日は探雌行動が目立った。草地から針葉樹の枝先に触れるくらいに飛翔し，また草地に戻る個体とそのままどこかに行ってしまう個体がいる。厳密ではないがチョウ道があるようだ。これらの雄は抽出して捕獲し，あとで種を調べることにした。ここではサトウラギンとヒメウラギンで，ヤマウラギンは検出出来なかった。この2種の動向を詳しく見ていたが，違いは全く見られなかった。
　探雌行動は，ウラギン共通の行動であろう。

写真44　伐採地のウラギン生息地　函館市（1）　　写真45　伐採地のウラギン生息地　函館市（2）

写真46 – 48　ヤマウラギン ♂

写真49　アザミ類で吸蜜するサトウラギン ♂　　　　写真50　キンボシヒョウモン ♂

写真51　すでに擦れたサトウラギン ♂

◆ 所　感 ◆

　7月4日，従来のウラギンヒョウモン記載地に近い函館市近郊の発生地に向かう。一見何もいなさそうであるが，アザミ類にまもなくウラギンが訪花。伐採地の下をみると結構飛んでいる。サトウラギンは既に破損個体が目立ち，ヤマウラギンは新鮮個体が多い。後にこの個体群は，サトとヤマは翅形で比較的簡単に識別できることがわかった。晴れると活動し，曇るとどこに行ったか分からなくなる。午前中のためか探雌行動は少なく，吸蜜する個体が多い。
　ギンボシヒョウモンも混棲して吸蜜している。模様が全く違うため，確認し易い。九州にはいないのでいつ出会っても新鮮である。主な吸蜜源はアザミ類で，この場所の花は背が高い。北海道は大形の植物が目立つようである。

北海道　奥尻島調査紀行　～2016年～
―― オクシリウラギンヒョウモンを求めて ――

岩﨑郁雄

ウラギンヒョウモン（以下ウラギン）を調べる中で，共同研究者の新川氏から奥尻島の個体群は遺伝子的に種に近いほど変異幅が大きいということを3，4年前から聞かされていた。しかしながら標本は僅かしかなく，実態はよく分からなかった。これは実際行って調べねばと思い，奥尻島行きを決めた。

調査にあたっては，北海道在住の神田正五氏，國兼信之氏に多大なご支援を頂き心から感謝したい。

6月30日（木）

天気は雨。朝6時45分，自宅は宮崎空港の直ぐ近くで通常なら歩いて行くのだが，今回は荷物が多いためタクシーを頼む。薬の飲み合わせか，体調は最悪である。6時55分，宮崎空港着。すぐに搭乗手続きを行い，セキュリティチェック後搭乗フロアへ移動。椅子に座っていると後から声がする。現在のF小学校の校長で私の後任の甲斐先生。青少年赤十字の総会で東京へ行くということ，世間は狭く，必ず空港では誰かに会うものだ。飛行機は7時50分発ANA602便で東京出張の際はよく利用していたものである。定刻通り離陸し，羽田空港には9時20分着陸。降りると直ぐに乗り継ぎのため上の階へ行き，搭乗口へと移動する。まもなく，アナウンスがあり，「10時30分発の函館行きは飛ぶことになりました。視界不良で着陸出来ない場合は札幌に着陸することをご了承ください。」という内容だった。札幌／千歳空港に着くとはとんでもない。そこから列車でも5時間はかかる。視界不良とは何か？　これは，直ぐに分かることになる。飛行機は順調に飛び，何のことはなく函館空港へ11時50分着陸。ただ，着く寸前，海には霧が立ちこめていた。この時期，海霧が発生し，運航に影響を与えているようである。今後この海霧が最後まで頭を悩ませることになる。

予約しておいたオリックスレンタカーの空港受付所へ行く。誰もいないので，専用電話をすると直ぐに迎えに行くとのこと。他の客2人と一緒に送迎車に乗り事業所へ。手続きを素速く済ませ，12時20分には，高速道路経由で七飯町の大沼公園へ向かう。ここは最初のウラギンの目的地である。丁度10年前に訪れていて，成虫がそこそこ見られた場所である。13時35分到着。やはり環境は随分変化しているようである。以前と似たような環境を探すと1カ所見つかった。路脇のヤブを少しかき分け入る。すると，トウバナのようなピンク

奥尻島の位置

色の花が咲き乱れていた（写真1）。それにコキマダラセセリの雄が訪花しており，笹の葉に静止したところで撮影する（写真4）。以前と同じ場所かと思ったが，何か違うようである。ヒョウモン類が飛び出すが直ぐに見失い，種類は分からず。奥へ進むと小径があらわれ歩きやすい。あちこちアカツメクサも咲いている。しばらく行くと，目の前に大型のミスジチョウの雌が静止している。難なく採集。ここから引き返し，逆の道を行くことにした。少し大きな道に出ると，両脇にはサクラが植栽されておりその下にはアカツメグサの群落が広がっている（写真2）。ここは，好ポイントと考え少し待っていると，晴れ間が出てヒョウモンが飛来した。ギンボシヒョウモン（以下ギンボシ）である（写真3）。2♂採集。すると，先の方にウラギンが訪花しており撮影し採集。その後1♂（破損）を追加。ベニシジミやヒメウラナミジャノメも少しいるがチョウ類は少ない。小径を進むと湿地が多いのか大きなヤブカが足に十数頭止まっている。動きは鈍いのだが，刺されるとチクリとする。これは大変と日向にでる。そこで葉上に静止するウラギンを撮影（写真5）。ここはこれまでと，周囲を回ることにする。函館在住で今回の案内もして頂ける國兼氏に電話するとキャンプ場の方から軍川方面が良いと言われる。しかしながら，キャンプ場のほうは曇っており，微妙なところで天気が変化している。北海道のチョウ類のほとんどは晴れないと活動しない。静止しているものを探すのは極めて非効率的である。そこで軍川へ行く。ここまでは晴れ間があるが，チョウ影は全くないので，また大沼方面へ向かうことにする。すると，人家脇の荒れ地にアカツメグサが繁っている。車から降りて確認するとヒョウモンチョウがいた。撮影し採集。周囲をうろうろしていると，樹上か

らもう 1♂飛来した。それ以降は追加できず，最初のウラギンの場所へ戻る。小径を調べていると羽化間もないと思われる新鮮なウラギン♂が静止。そっと撮影後採集。しばらくすると曇ってきたので終了し，函館へ向かう。17時15分，レンタカー函館駅営業所へ車を返却。スーツケースを転がしながら歩いてホテル「リソル函館」へ着く。

18時過ぎ，國兼氏がホテルへ見える。近くの海鮮酒場で夕食。流石に函館！ 当日獲れ生イカ，焼きタラバ，深海魚キンキの焼き物，鮭の親子丼など海産物が旨い。自分の体調も忘れ，明らかに食べ過ぎだったが堪能でき，22時過ぎまで虫談議は尽きなかった。

7月1日（金）

ホテルから函館駅バス乗り場へ向かう。9時35分発。丁度10時に函館空港へ到着。JALで搭乗手続き。すると，奥尻島が霧のため天候調査中とのこと。一昨日は霧で，昨日は機材不調のため運航中止（後で聞いた話だが，機体が古いためこんなことはよくあるとのこと）。10時50分，アナウンスがあり，視界不良で奥尻空港へ着陸出来ない場合は引き返す条件付き飛行となるとのこと。11時30分定刻離陸。高度3000 mで水平飛行，速度は時速460km。間もなく，高度を下げ運良く着陸する模様。窓から奥尻島が見える。意外と大きい島だ。12時無事着陸し安堵する。空港には予約しておいた竹田荘の親父さんが迎えに来ており，早速，民宿へ。

見回すと空は晴れている。いつ崩れるか分からない明日からの天候を考えると，いち早く調査地へ向かうことが最善と考えた。直ぐに竹田レンタカーで軽自動車を借り現地へと向かう。途中，島に一軒と言う奥尻中心部のコンビニでおにぎりとペットボトルのお茶を購入。奥尻小学校の横から山間部へ入る。目的地は最近記録があり，最も有望視していた球島山（たましま やま）。でも，これまでウラギンはこの島では少ない種類だ。1頭でも採れれば，まずは成功。13時30分到着すると良さそうな草地が広がっている（写真7）。でも，ここからは全くチョウの姿は見えない。とにかく中に入ってみると，ベニシジミがいた。奥尻初チョウである。アカツメグサが結構多く，奥へ進むと，そこにヒョウモン類が吸蜜していた。島に多いウラギンスジか？ 慎重にネットインすると，最初のウラギンだった。チョウ類の少ない中，何と2種目で，幸運の女神が降りた瞬間だった。草地を歩くとぱらぱらと飛び出すではないか。でも，霧と晴れ間の狭間で曇ると全く飛ばず，晴れると飛び出すことを繰り返す。なかなか，採集出来ない理由はこの時期の島の天候にありそうである。生息環境は正にサトウラギンである。やっと6♂採集。写真と映像と撮る（写真8～10）。そのほかヒメウラナミジャノメが少数いるのみでチョウ類は少ない。近くでエゾハルゼミが鳴いているが，これも曇ると全く鳴かなくなる。13時57分終了。ここ

から球島山の北側に少し回ると，路傍をカラスアゲハの雄が朱色で小ぶりな花のエゾスカリユリで吸蜜していた。14時5分，引き返し球島山から東へ少し下ったところの牧草地を調べる。小道を下って行くとコチャバネセセリがいた。何せここもチョウ類は少ないので，普通種ながら新鮮に映る。低い笹原を見ると完品のウラギン雌が葉上にいた。雌はなかなか出会えない。慎重に捕獲する。その付近を歩き回ると雌雄が絡んで飛び去った。ウラギンはいるにはいるが個体数は少ない。運動量が多いためか腰に違和感を感じる。14時33分ここを離れ，最初の球島山の草地へ戻る。一面は霧に覆われ，時々霧は晴れるが日は射さない。駐車場から約30 mの山頂へ登る。ピンク色のハマナスの花が咲いている。突然，ウラギンが飛ぶ。大型なので雌と思われたが風にあおられ遠くへ飛んでしまった。ツツドリの鳴声がするが，霧は濃くなるばかりである。15時，ここは諦め，島の北側の環境を見ながら探索することにした。未舗装の林道のような狭い道を通過するとやや広い草地となった。路傍に車を止め，南へ向かう小道を歩く。コチャバネセセリやヒメウラナミジャノメがいた。ふと見ると小形のヤンマが飛翔している。一振りするとうまく収まり，確認するとサラサヤンマの雄であった。宮崎ではよく見慣れたトンボである。曇だが少し薄日も射してきた。ガロ川付近でシロツメグサへコチャバネセセリが訪花していた。島の天気はめまぐるしく変わり霧雨となってしまった。15時45分，海栗前集落（のなまえ）の手前で引き返し，元の道路へ戻り，尾根部三差路から球島山と反対方面へ向かう。しばらく行くと除草作業で路傍の草刈りが行われており，草花は刈り取られている。谷を通過し球島開拓へ入る。路脇の駐車スペースにはアカツメグサ群落があり，条件は良さそうだが何もいない。

陽も落ちてきたので，ここから島の西側環境を見ながら青苗の民宿へ帰ることにした。幌内手前の「みのうた大橋」（ほろない）付近の斜面にはエゾスカシユリやアカツメグサの見事な群落があり，天気が良ければチョウ類が集まりそうである。南へ15分ほど行くと奇岩のカブト岩が見えてくる。撮影をして青苗へ南下する。島の西側は大方斜面となっており，短期間の調査でとりつくのは難しそうである。17時前に青苗に着いたため，近くの青苗川の入口付近を見ることにした。小さな草地があって，アカツメグサがあり，ツバメシジミ，ベニシジミ，ヒメウラナミジャノメを採集・目撃するもヒョウモン類は全く見られない。17時10分，万年橋で引き返す。

17時30分，竹田荘へ到着。これから5日間お世話になる宿である。オーナー夫妻は優しそうな方で，手続きを済ませる。夕食は，鯛の焼き魚，イカ，タコなどの刺身に加え，特別に採れたばかりの天然アワビをサービスしてもらった。22時30分就寝。

7月2日（土）

4時40分起床。緯度が高いと，この時間帯でも明るくなっているため早起きとなるようだ。天気は小雨で雲は低く垂れ込めている。腰痛が少し悪化している。今日から2日間，虫友の國兼氏と共同調査をすることになる。

8時35分，竹田荘を出発。國兼氏を迎えにいくのは昼前なので，その間近場を探索することにした。天気が良くないときは，島唯一のヒメジャノメのいる場所があると北海道在住の神田氏からご教示いただいていた。離島最北限の稲作を行っている場所にのみ見られるそうで，生息条件と発生がかかわっているらしい。青苗地区の右股川流域へ行くと水田が谷筋にあった（写真11, 12）。既にしっとりとした小雨となってしまった。農道への入口に車を止め，ふと見ると目の前にヒメジャノメがいた。多いのか少ないのか分からないので撮影し採集する（写真13）。その付近を探索すると水田の横やスズタケの脇に結構見られ10頭ほど得ることができた。雄は擦れた個体が多いが雌は比較的新鮮である（写真14）。さらに10頭以上は目撃したが必要以上は採集しない。

9時50分，天候は雨。場所を変え初松前の農道へ入る。小さな水路があり，中にミクリ，脇にクワやハクサンボクがある。約300m奥まで調べたが環境は良さそうである。今後天候次第で，調べてみたいものだ。11時53分，奥尻高校奥の赤石・鳥頭川上流へ入る。広い草地にアカツメグサがあり，良好であるが虫はいない。

11時35分，國兼氏を迎えに奥尻港フェリーターミナルへ向かう。まもなくしてフェリーが到着する。まずは奥尻集落のラーメン屋で腹ごしらえ。球島山へ向かうも霧のため全く何も見えず。ウラギンは諦めて，島の最北部の稲穂岬へ向かう。ここは，スナビキソウの群落があり，時期になるとアサギマダラが少数飛来するそうである。灯台付近にはヒロハクサフジがあり，離島唯一と言われるカバイロシジミの産地でしばらく探すが全く確認できない。

この頃から風雨が強くなり，賽の河原にある土産物店に入るもあまり買いたいものもなく退散する。そこから海栗前を通り，球島開拓から奥尻集落へ向かう。この日は，日本海を994hPaの発達した低気圧が接近，まれに見る豪雨強風となっていた。町道は川のようになって水があふれ出ている。大変な日になったものだ。とりあえずは，宿の竹田荘へ行こうということになる。途中，路上で吸水していたと思われる新鮮なイチモンジチョウが舞う。14時10分，早くもお開き。國兼氏とは，天候を睨みながら対策を練る。

こんな天候のため函館からの飛行機は奥尻空港上空まで行き，2回旋回して引き返したと民宿の親父さんが教えてくれた。夕食は，特別メニューのウニとアワビを中心とした奥尻鍋で大変美味しかった（写真34）。

7月3日（日）

早朝3時30分ころからすでに空は明るく，4時50分には起床。一面に霧が広がる。朝食を済ませ，8時42分に竹田荘を出発する。天候は曇。

まずは，近くの商店で弁当を調達し，車で青苗川上流部へ林道を走らせる。軽トラ道だが何とか通れる。少し薄日が漏れ，ミズナラからゼフィルス類が飛び出すが長竿は持参していないので，全く届かず種の確認は出来ないし，そもそも個体数が少なかった。チョウ類はコチャバネセセリ，イチモンジチョウとヤマキマダラヒカゲと思われる個体だけであった。

天候が少し良くなってきたので，本命の球島山へ直行する。しかしながら，中腹以高は一面の霧で覆われていた。一昨日，ウラギンを見つけていた草地を歩いて探す。やっと飛び出した1♂を見つけたが，風に流されるように林へと消えた。あとはヒメウラナミジャノメがいて，ウスバキトンボが1頭だけ飛んでいた。

山の上は無理との判断で下山することにした。カバイロシジミを再度探そうと稲穂岬へと向かう。全くいないのでここで弁当となった。そこから引き返し，昨日，訪れた奥尻高校裏の草地へ。ウラギンは全くいなかったが，ウスバキトンボを20〜30頭確認したのが印象的であった。

あまりパッとしないので，青苗地区へ移動。宮里ではヒメウラナミジャノメに加え，エゾセンニュウでキアゲハの中齢幼虫を國兼氏が採集（写真16）。後日成虫まで飼育し送られてきた。右股川では，アカタテハの2齢幼虫を採集。これも國兼氏が飼育。スジグロシロチョウ，ヒメジャノメを少数採集する。ヒメジャノメがイネに産卵しているのを目撃撮影した（写真15）。丁度，田植えをしている方と話ができたが，昔は湿地があり川も蛇行していたとのことであった。そうこうしているうちに15時が過ぎ，奥尻フェリーターミナルへ向かう。國兼氏とは，ここでお別れである。

諦めきれず，再度球島山中腹へ向かうも半分霧で雲っている。風もあり入るのは大変である。アカツメグサは少ない。何も成果なく山を降りる。16時31分，青苗・竹田荘に到着。本日も飛行機は欠航。昨日は午後のフェリーも欠航したが，この日は平常通りで，國兼氏は無事帰途につけたようだ。

7月4日（月）

4時20分起床。日の出が観察され，昨日より天候は回復気味のようである。まる1日使えるのは，この日だけである。何としてももう少しウラギンのサンプルが欲しい。8時5分，竹田荘を出発。40分ほどで，球島山へ到着する。下界ではまずまずの天候にもかかわらず，山の上は完全に霧で被われ風も強い。日本海に浮かぶ島特有の霧だ。もはや草地の中へは入らず，中腹の生息地へ移動するも，霧は晴れても強

堂々と道路を渡るタヌキ

風で何もいない。さらに下り，小学校の上から宮津〜稲穂方面の農道へ入る（写真17）。300mほど進み，適当なところで，草地へ入るが，ヒメウラナミジャノメ，コチャバネセセリ，ヤマキマダラヒカゲが少数飛ぶくらいでチョウ影は薄い。入口に戻ったところでヒョウモン類が飛ぶ。しばらく見ていると，近くにきたので一振りするとうまくネットの中に入る。やや破損したウラギンの雄だった。結果的にはこの日一番の収穫となった。天候は曇時々晴れなのだが，相変わらず強風が吹いている。成虫は諦め，ウラギンの食草を調べることに球島山に再度戻った。ウラギンのいた草地の周辺部を見ていくと笹類群落の下に有茎のスミレがあり，食痕が多い（写真18）。おそらくヒョウモン類のものだと思うが，ウラギンとは断定できない。草地中央部にはまた別の無茎のスミレが20〜30株ほど見られた（写真19）。これにも食痕が確認できた。

ふと草間を見るとセンチコガネ類が飛んでおり，溜め糞がある。これが有名なタヌキの溜め糞だ。少し奥に行くとその主が3頭いて驚かされた。以前はいなかった奥尻島のタヌキで，かなり繁殖しているらしく生態系に影響を与えるということで，現在は環境省の重点対策外来種に選定されているほどだ。

12時となりここで弁当にする。風向きからすると球島山の南側の林道が比較的良さそうである。入口は球島開拓手前にある。鎖がしてあり車では入れないので歩くことにする。地図付きのGPSがあるので球島山との関係がよく分かる。林道の両側は笹類が多く，ブナの密度がかなり高い（写真21）。時折，ヤマキマダラヒカゲが飛び出す。1♂採集。道の真ん中にも溜め糞があり，その主のタヌキを撮影。しばらく行くと路脇の空き地にアカツメグサ群落があり，天気がよければウラギンが飛来しそうである。相変わらず，ヒメウラナミジャノメを少し見たぐらいでチョウは少ない。引き返し，14時駐車場所に着く。ここから奥尻集落を過ぎ，目を付けておいた宮里・初松前の農道へ向かう。着いた頃には天候は回復し晴れている。ここはヒメジャノメがいて少数追加

した。カエデの高所ではミスジチョウが2頭，イチモンジチョウから追われている。透明度の高い小川の流れには，カワトンボ類が全くいない。16時33分終了。同44分竹田荘へ帰る。

7月5日（火）

悪天に悩まされた奥尻島だが最終日はやっと晴れた。しかしながら飛行機は12時過ぎ出発なので，レンタカーへの満タン給油や宿の精算手続きを考えると，ぎりぎり11時までが使える時間である。

7時35分竹田荘を出発。真っ先に球島山へ向かう。8時5分到着。風はあるが晴れている（写真22）。ウラギンは直ぐに見つかる。時間が早いためか葉上で日光浴をしている（写真24）。2♂採集。ほかは1♂見たのみで少ない。東側の中腹草地へ移動。ここでは4♂採集（写真26〜28），4♂2♀目撃するも素速く飛び去るものが多い。ホウロクイチゴで吸蜜しているのを見る。結構歩き回ったが，その割には追加個体はなかった。10時20分終了。後ろ髪を引かれる思いで青苗へ向かう。青苗の手前で10時45分となり，15分間だけ宮里・初松前の農道へ入る。晴れるとチョウ影は濃くなる。僅かな時間で，コチャバネセセリは20頭以上目撃，ルリシジミ，イチモンジチョウ，ヒメジャノメ，ヒメウラナミジャノメが飛び出し，ミズナラの空間では，アイノミドリシジミを採集することが出来た。ここに1時間もいたらいろいろ記録できるに違いないと思いながら，給油後竹田荘へ帰る。竹田荘では親父さんが待っていて，そのまま空港まで送ってくれた。空港出発口では，係員の女性が，ここはX線検査の器具がないので，スーツケースは中身を開いて確認するので協力して欲しいとのこと。少し閉口したが仕方がない。周りをみると検査は私一人だけであった。12時20分無事離陸。函館空港には12時50分に着陸した。

何と飛行機は滞在期間，島に到着した日と離れる日のみ運航し，その間，その後は飛ばなかったり，途中で引き返したそうである。何とかウラギンも確保でき，運は良かった方なのであろう。

函館空港ではニッポンレンタカーを借り，ヒメウラギンヒョウモンを調べに福島町へ行く。天気は曇。國兼氏から教えてもらっていたアザミ群落は見事に刈られていた。ヒメシジミ（写真29）を少し見ただけで，ほとんど成果はなかった。宿泊地のリソナ函館ホテルには，18時10分到着。

7月6日（水）

7月6日は，朝からシトシト雨が降っている。駐車場の管理人から親切にも傘を頂く。9時45分出発。野外調査は難しいと思い，函館公園にある市立函館博物館を見学した。昆虫標本も少し置いてあり，学芸員と話をすると関係図録を提供して頂いた。そこから，アサギマダラで有名な函館山

へ向かう。環境を見ようと考えたのだが，山頂付近は一面の霧。観光客も少なく，ロープウェイ発着場で引き返し下山した。どこか良いところはないか國兼氏へ電話で話すと東山方面が良いと言う。雨は相変わらず降っているが環境を見るだけでもと思い，とにかく行くことにした。途中のコンビニで弁当を買い，12時15分目的地の東山墓地駐車場に着き，まずは昼食をとった。小雨になったので，傘をさしながら，ネット持参で農道を歩いた。斜面にはクヌギ，コナラ，ミズナラ，オニグルミなどがあり，天気が良ければゼフィルスが飛んでいるだろうと想像していた。ダメ元で，ミズナラやクヌギを柄で叩いていくと小形の赤いシジミが降りてきた。九州九重山で調べたことのあるウラミスジシジミで，しかも斑紋の乱れるジグナータ型だった（写真30）。気を良くしたがクロヒカゲが飛び出すくらいでそれ以上の成果はなかった。さらに進んだ奥の造成地ではアカツメグサやオカトラノオが多数咲いており，晴れた日にはヒョウモン類がいるかもしれない。14時で終了。同50分に函館駅前にあるニッポンレンタカーで返却手続きをする。ここから，投宿のリソル函館は歩いて15分ほど。スーツケースをゴロゴロ押しながら到着。

7月7日（木）

七夕の日は雨こそ上がったが曇天。8時40分，ホテルをチェックアウト。今度は函館駅前の格安オリックスレンタカーで車を借りる。ここからナビをセットして初日に訪れた七飯町の大沼公園へ向かう。あわよくば，ウラギンの追加が出来るかも知れない。しかしながら，10時25分まで待っていたが，とうとう晴れず，ウラギンも姿を現さなかった。少しは平地の方が天気が良いだろうと考え，函館市へ引き返し，赤川の笹流ダム公園へ向かった。案の定途中から薄日が漏れるようになり，期待が膨らんだ。公園入口の広場に着くとシータテハのような黒いタテハが地面で吸水していた。よく見るとクジャクチョウの新鮮個体だった（写真31）。もちろん九州には分布していないので，翅を開いた美しさにはうっとり。その広場に駐車後，車止めのある林道へ向かう。スジグロシロチョウのような大形のヤマトスジグロシロチョウが少なくない。雌は路傍のアブラナ科で産卵行動をしている。すると，30代くらいの野鳥を観察しているという青年と会う。早朝にはダム付近でゼフィルスが乱舞していたという。早速，行ってみるとミズナラから飛び出した2♂を見たが竿が短いため種名は確認出来なかった。そのほか，ミスジチョウ，ニホンカワトンボなどを目撃採集した。あっという間に13時30分となってしまった。15時10分発の飛行機に乗らなければならないので，ここを後にし，函館空港へ向かう。飛行機はほぼ定刻に離陸し，羽田空港は16時40分着。函館と打って変わってロビーはとにかく暑い。宮崎行きは18時40分発，20時20分に宮崎空港へ到着し，奥尻調査旅行が終了した。

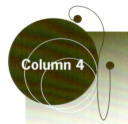

Column 4　奥尻島のウラギンヒョウモンと新川さん

神田正五

　私は，1988年8月11日〜13日に初めて奥尻島を訪れて以来，10回以上渡島している。その期間を通してウラギンヒョウモンを採集していた。

　何かの折に新川さんがウラギンヒョウモン類を調べていると聞き，奥尻島産の本種を差し上げたことがあった。それから間もなくして，新川さんから「遺伝子を調べたら，とんでもない結果になりそうだ。はっきり結論が出るまで口外しないで欲しい」との電話があった。私はこの頃，北海道産ウラギンヒョウモンの分類について疑問を抱いていた時期でもあったので，どのような結論になるのか楽しみだった。

　新川さんとは姫路市の広畑政巳さんを介してのお付き合いで，日本のウラギンヒョウモンに決着をつけたいとの熱い思いを伺っていたので微力でも協力できたことは喜びである。

　これを機会に奥尻島を訪れる自然好きな方が増え，島がさらに活気づくことを願っている。

追記

　奥尻島から初めてのウラギンヒョウモンの記録は，舘山一郎（1956）北海道奥尻島蝶類採集記に「1954年8月3日，分水嶺付近，2♂」（COENONYMPHA No2 :13〜15　北海道鱗翅目同好会）がある。

写真1　大沼公園の荒れ地

写真2　花の咲き乱れる林縁の草地

写真3　ギンボシヒョウモン ♂

写真4　コキマダラセセリ ♂

写真5　日光浴をするサトウラギン ♂

写真6　オオアオイトトンボ ♀

◆ 所　感 ◆

　6月30日，七飯町の大沼公園周辺は路脇に草地がところどころにあり，アカツメクサにいろいろな昆虫類が集まる。10年前と比較すると草地は減少し遷移が進み，荒れ地や樹林化が目立つ。写真1は，草丈の低い草地であったが草花は小道沿いにしかなく，サトウラギン，ギンボシヒョウモン，ヒョウモンチョウは少なくなった。それでも，写真2のような場所もあり，チョウ類はどこからともなく集まってくる。コキマダラセセリは，鉄道線路付近の草地に健在だった。写真5は荒れ地の林縁の葉上で開翅日光浴をしていた個体で左上翅に白ヌケが見える。水辺が近くにあるためトンボ類もいて，特にオオアオイトトンボ（写真6）は多産するようである。

写真7　球島山のオクシリウラギン生息地

写真8　アカツメグサ吸蜜の
　　　　オクシリウラギン

写真9　あまり好まないフランスギクで吸蜜するオクシリウラギン ♂

写真10　裏面の赤いオクシリウラギン ♂

◆ 所　感 ◆

　7月1日午後，奥尻島に到着して直ぐに本命の球島山へ向かう。時々日差しがあり，オクシリウラギンヒョウモン（奥尻亜種）と初対面する。種としてはサトウラギンであるが，写真10のように見た目はヒメウラギンを思わせるような裏面の赤い個体が目立つ。ほとんどがアカツメグサで吸蜜している。写真9のような一面に咲き乱れるフランスギクで吸蜜する個体はほとんどない。日が照るとどこからともなく出現し，陰ると姿を消す。実にはっきりしている。何が関係しているのか，アカツメグサの群落があってもどこでもいるわけではない。

写真11　ヒメジャノメの生息環境（1）

写真12　ヒメジャノメの生息環境（2）

写真13　ヒメジャノメ♂

写真14　ヒメジャノメ♀

写真15　ヒメジャノメの産卵

写真16　キアゲハの中齢幼虫

◆ 所　感 ◆

　7月2〜3日は，天候が不順なため，ヒメジャノメをじっくり観察することにした。北海道では渡島半島に広く分布する。奥尻島の本種は日本北限に近く，裏面白帯の幅が特に狭いのが特徴である。水田地域周辺部に見られるところから稲作とともに侵入したとも考えられているが，写真15のように確かにイネに産卵し関連は深いようである。
　こんな日はチョウの幼虫を探すが，セリ科植物のやや硬化した葉を摂食するキアゲハの中齢幼虫を確認するのみに終わった（写真16）。

写真17　宮津付近の農道

写真18　笹原下草の有茎スミレ

写真19　草地の中にある無茎スミレ

写真20　コチャバネセセリ

写真21　ブナ

◆ 所 感 ◆

　7月4日も天候の関係でチョウ類は少ない。町道から少し入った農道の両サイドでは，草花が咲き乱れている（写真17）。あと何週間かするとパラダイスになりそうである。しかしながら，次の日には綺麗に刈られていた。球島山の草地でウラギンが食草としそうなスミレを探す。流石に北海道でスミレ類は多い。幼虫の時期は終わっているが，よく見ると食痕もついている。何が摂食したかは分からないが，ヒョウモン類の可能性は高い。少し明るくなるとコチャバネセセリがシロツメグサへ吸蜜していた（写真20）。林道に入るとほとんどがブナである。この島にはそれを食草とするフジミドリシジミが生息している。丁度良い時期にかかっているが，全く確認できなかった。

写真22　球島山全景

写真23　町道桜木線の途中にある牧草地

写真24　草間で翅を広げるオクシリウラギン ♂

写真25　ホウロクイチゴ

写真26-28　オクシリウラギン ♂の裏面

◆ 所 感 ◆

　7月5日は，天候が回復し，球島山の山頂は穏やかですっきりと見え，中腹からは，渡島半島も見渡せた（写真23）。
　朝のしばらくの間，ウラギンは草間の葉上で翅を目一杯に広げ，活動する準備をしている。日本各地でウラギンが良く吸蜜するホウロクイチゴが見られ（写真25），実際に訪花していた。数はそう多くない。
　採集したオクシリウラギンの雄の裏面をみると前翅の赤味が強く，後翅にも及ぶ個体もある。これは，サトウラギンでもあり，個体変異の範疇と思われるが多く見られるようなので，統計的にみると面白いかも知れない。また，後翅中央部にはヤマウラギンに良く出る明斑の見られる個体が多いのも特徴的である。

写真29　ヒメシジミ♂

写真30　ウラミスジシジミ♂

写真31　クジャクチョウ♂

◆ 所　感 ◆

　奥尻から函館空港に着くと直ぐに渡島半島南西部の福島町へ向かう。ヒメウラギンにはとうとう会えなかったが，ヒメシジミは10年前と同様発生していた。翌日7月6日，雨中やっと見つけたのはウラミスジシジミ。九州では見られない文様だった。天気の回復した7日も函館近郊へ。日が射すと，眩しいくらいのクジャクチョウが翅を広げて迎えてくれた。

写真 32　青苗の竹田荘

写真 33　球島山の山頂を望む（筆者）

写真 34　奥尻の海鮮料理

写真 35　ツーショット（左　國兼氏、右　筆者）

写真 36　奇岩　鍋釣岩

写真 37　稲穂岬

◆ 所　感 ◆
　写真 32 は，約 1 週間お世話になった奥尻島の南端にある竹田荘。最終日には朝日を浴びていた。7 月 2 日の夜は，國兼氏と特別料理を注文した。ウニ丼は名物だ（写真 34）。この期間，何回球島山へ向かったことか。初日と最終日以外はいつも霧だった（写真 33）。観光地で，晴れると観光バスで団体さんが多数訪れる。奥尻港の南には島のシンボルという鍋釣岩（なべつるいわ）がある。高さ 19.5 m で，夜はライトアップされるという（写真 36）。島の最北端の稲穂岬。写真 37 の左上には稲穂岬灯台が見える。海岸は割に大きな小石海岸でアサギマダラが訪れるスナビキソウの花が咲く。

トキと金山の島 佐渡島にウラギンヒョウモンを求めて ～2017年～
―― 佐渡のウラギンは1種か2種か？ ――

岩﨑郁雄

　ウラギンヒョウモン（以下ウラギン）は，日本本土では北海道から九州まで広く分布している種で幾つかの島嶼にも記録がある。その中で新潟県にある佐渡島は本種の生息する島となっている。標高1,000mを超える山塊があり（最高点は金北山の1,172m），大佐渡と呼ばれる北半分と小佐渡の南半分，その間には国中平野が広がり起伏に富んだ地形となっている。

　2017年夏に単身調査することになった。この目的は，新川氏も私も未調査の大きな佐渡島にはどんな種類のウラギンが生息しているか確認することである。しかしながら，現在の生息状況がどうなっているのか全く分からない状況であった。そこで，胎内市にある昆虫館から佐渡のチョウ類を調べている柴田直之氏を紹介して頂き，事前に情報を得た結果，かなり期待の持てることが分かった。

　柴田氏によるとウラギンは，6月上旬から発生するということで中下旬にはよく見られるとのことであった。そこで，1週間程度遅く発生するヤマウラギンに合わせて，調査日は6月30日から7月5日に設定した。梅雨時期のため移動を除くとおよそ5日間分，1日でも晴れると成虫に出会える可能性があると考えた。

　なお，生息地の案内や貴重な情報を賜った柴田直之氏，胎内昆虫の家の遠藤氏に心から感謝したい。

6月30日（金）

　6時30分，宮崎市の自宅からタクシーで宮崎空港に向かう。近場なので10分もかからず空港へ到着。チェックイン，手荷物検査を済ませ，待合室で待っていると「（乗り継ぎ地の）伊丹空港付近は落雷のため着陸出来ないことが予想されるため，その際は宮崎空港に引き返すか関西国際空港に着陸することがあります」と条件付き飛行のアナウンス。初っぱなから暗雲が立ちこめる。おまけに冷や汗，動悸がして体調もすぐれない。7時29分，機内に入る。飛行中は気流の関係か少し揺れたが大したことはなかった。8時40分，大阪伊丹空港へ到着。やはり雨だ。駐機場からバスで到着口へ。ローカル線は時間がかかる。乗り継ぎは9時40分発のANA513便だが，使用機到着の遅れから出発が延びると言うアナウンスがある。佐渡に渡るためのジェットフォイルは既に予約済み。間に合うか不安がよぎる。15分遅れで搭乗が始まった。しかしながら，今度は発着の飛行機が混んでいて3番目の離陸という。10時17分にやっと離陸。新潟空港には11時10分到着。ロビーでスーツケースを受け取り，高速バス乗り場に直行。すでに長蛇の列が出来ている。バスに乗り切れるのかと思った程乗車客が多く満席だったが，補助席まで使って何とか乗ることが出来た。直接，佐渡汽船の船着き場に行く便はなく，全てが新潟駅経由である。駅に着いたのが11時35分。ジェットフォイルの時間は13時50分で1時間以上あったが，念のためにタクシーを使う。個人タクシーの運転手と話をすると，今夜から新潟市で最も賑わう「蒲原祭り」が日曜日まで行われるとのことであった。農事の祭りで多くの出店が出るとのこと。ごく最近は「新之助（しんのすけ）」というブランド米が登場。きらめく大粒，コクと甘みが満ちているのが特徴でなかなかの人気のため全く手に入らないらしい。そうしているうちに新潟万代マリーナの佐渡汽船へ到着。ここは信濃川の河口奥にある。実は私，船にはめっぽう弱く飛行機を予約するつもりであったが，何と飛行機は運航していないのである。1時間ほどで行ける高速船があるため採算が合わず休止となっているようだ。チケット売り場で予約しておいた往復券を買う。5日間以内が割り引き適応だが，6日間のため通常料金12,520円を支払う羽目となった。またこの時期，乗客も少なくあまり予約の意味はなかったようだ。12時50分離岸。ジェットフォイルは，時速80キロで走行するためシートベルトの着用が義務づけられている。最近はクジラなどとの衝突もあるやに聞いている。船内には速度掲示のデジタルボードがあり，しばらく見ていたが，75km/h以上に上

佐渡汽船のジェットフォイル「ぎんが」

がることはなかった。それでも飛行機より揺れはほとんどなく，むしろ快適であった。

　13時55分，定刻通りに佐渡島の両津港に到着。新潟では小雨が降っていたが，ここだけ日が射している。桟橋から降りると柴田氏が迎えに来ていた。細身の研究者タイプで，数

年間トキのモニタリング調査をしているとのことである。あいさつを交わし，とりあえず近場を回ることにする。14時過ぎ，下久知の里山に行く。すると早速，野生のトキ1羽がお出迎えしてくれた。天気は曇で，モンシロチョウやベニシジミ，モンキチョウくらいしか飛んでいない。ここは，ウラギンがよく見られる場所のひとつとのこと。すると，柴田氏がヒョウモン類を目撃。私は確認できなかったが発生していることは確かなようだ。ただ草刈りがあり，花も少なく別の場所へ行くことにする。新潟県で一番大きな湖，加茂湖のほとりに着く。小雨交じりにもかかわらずルリシジミが多い。ツバメシジミやキタキチョウもチラチラ舞っている。ハンノキのまとまった林があり，ミドリシジミが多いとのことである。今年はまだ，発生を確認していなかったと言うが，柴田氏がいち早く見つけ1♂採集。この年最初の個体となった。もう1頭いたが林のなかに消えた。雨が少し強くなってきたので，最終日までお世話になるホテル「志い屋」まで送ってもらった。チェックインを済ませ着替え，柴田氏の職場であるトキ交流会館で調査について打ち合わせをした。予報では滞在期間全て雨である。今回は山の上も狙っているが，どうやら無理のようで，平野部や近場をまわることがベストと判断した。通常，ウラギンは日が射さないとほとんど活動しないし飛翔しない。現状では，かなり厳しいと予測された。夜は，柴田氏行きつけの寿司屋「長三郎」で懇親会。チョウの話題に花が咲いた。19時前，ホテル到着。

ハンノキの林（右端は柴田氏）

下久知の水田地帯

長三郎で（左：柴田氏　右：筆者）

7月1日（土）

4時39分起床。天気は曇。既に3時頃から明るかった。客室は1階で加茂湖が目の前にある。ホテルの敷地は湖の水面より少し下にあり，しかも境の土手は，50cmほどでかなり低い。強風大雨時には浸水しないのかと思ったが，内水面はかなり静かということらしい。後に車で走って分かったことで，佐渡の堤防は九州の私からするとかなり低く，人家はすぐ近くにあり，波をかぶりそうで非常に危険に思えるのだが，台風も滅多に来ないし影響は少ないらしい。

7時朝食。60歳代後半らしい仲居さんと話す。何と娘が宮崎の延岡市にいるとのこと。本人は神奈川から佐渡へ移り住んでいるという。佐渡の話をいろいろ聞く。

8時30分，柴田氏が迎えに来た。土日，つきあって頂けるとのことで大変ありがたい。天気は曇。8時40分，まずは昨日行ったハンノキのある場所へ行く。途端に小雨が降り出す。ミドリシジミが1,2頭飛び出し樹林奥へ消える。このあたりもウラギンのよく見られる場所ということである。林の裏に小さな草地を見つけた。ススキなど胸の高さに茂っているが，獣道ともなっていて入れないことはない。私が露でズボンが濡れるのをお構いなしに草原をビートするとヒョウモン類が飛んだ。種類は分からず，どこに止まったのかも分からずじまいだった。

そこから，潟端を通って下久知へ行く。すぐにキアゲハを目撃。ヒョウモン類が飛び，柴田氏が追いかけるがどこかへ飛び去る。ここは，スジグロシロチョウとヤマトスジグロシロチョウ両方を確認。ヤマトの方がやや小さいので区別がつきやすく，半々ほどの割合である。ノアザミに訪花しているが，花の咲いているわりには蝶類は少ない。北の方が明るくなってきたので，ドンデン山方面へ行き先を変更。登りとなった車道沿いにはウツボグサの群落が多い。虫はほとんどきていない。中腹からクリの開花が散見されるようになる。薄日が射してくる。途中カーブに小さな草地があり，ウツボグサも多く咲いていたため，柴田氏に車を止めてもらい調べることにする。するとアカシジミが突然飛び出し，クリへ訪花したところを採集。立て続けに今度はウラゴマダラシジミが飛翔。柴田氏3頭，私が1頭採集した。九州での本種は結構高速で飛んでいる。ここはモンシロチョウを採集するような感覚だった。柴田氏によると佐渡で一度にこれだけ採れることは少ないという。緑色のゼフィルスが飛び，確認するとオオ

ドンデン山中腹で採集されたウラゴマダラシジミ

1：♂，7月1日，柴田直之　　2：♂，7月1日，岩﨑郁雄　　3：♀，7月1日，岩﨑郁雄　　4：♀，7月3日，岩﨑郁雄

ミドリシジミであった。しばらくして大形のヒョウモン類が飛翔。とても確認できないが，ウラギンではなさそうである。ウスバキトンボも飛びアカシジミを追加し先を急ぐ。樹林内ではエゾハルゼミが少数鳴いていた。佐渡にはエゾゼミ，コエゾゼミがいるという。何度もカーブを曲がりながらヒョウモン類の多くいる生息地に13時10分到着。霧のため視界は30 mくらいである。かなり広い草地を歩いたが，トラマルハナバチがホウロクイチゴに訪花していたぐらいで，チョウ影は全くない。せっかくなのでドンデン山荘まで行く。これからの季節，運がよければ佐渡では希少種のヤマキマダラヒカゲが見られるらしい。もちろん，霧のためシャクナゲの花が残っているのが見えるくらいで周囲の環境はよく分からない。天気は絶望的なので下山することに。かなり下ったところでアサギマダラが路脇を飛んでいた。15時6分，下久知へ戻る。曇時々薄日の状態。予報よりは，はるかに良い。車を降りると直ぐに柴田氏の声がして，その方向を見るとトキの集団が枯れ木に止まっている。驚かさないように写真を撮る（写真22）。佐渡だ！　ときめく。そうは言うものの本命のウラギンは全く見つからず，キチョウを追加したくらいであまりぱっとしなかった。15時50分，佐渡でツマグロヒョウモンが多数発生したことのある吾潟の畑へ行く。ここならウラギンも発生する可能性がある。確かにナミスミレが一面に見られた（タチツボスミレは少数）。食痕を少し調べるが，それらしいものは見られず。成虫はスジグロシロチョウを確認しただけでウラギンはいない。小雨が降り出したため柴田氏宅へ標本を見に行く。佐渡のチョウを中心にドイツ箱約60箱を見せてもらった。彼によると天気が悪くウラギンの標本を見る機会もあろうかと除湿機を回しぱなしにされていた。標本保存に対するその細やかさに敬服。問題のウラギンであるが，標本をざっと見た感じでは，ほとんどはサトウラギンでヤマウラギンと思われるものが2♂混ざっていた。ウラギンは地域によってかなり斑紋変異があり，同じ場所での特徴をつかむ必要がある。最終的には発香鱗を見なければ判別出来ない。佐渡珍希種のオオムラサキも見られ楽しいひとときとなった。夜は，ホテル近くのレストラン多花野で生姜焼き定食を食べながら話をした。

7月2日（日）

5時15分起床。加茂湖に映る朝日が眩しい。このまま，天気が続けと思うのだが，予報は一日雨。7時朝食。佐渡で主に食される郷土料理で「いごねり」という海藻を調理したものを食べる。味はいまいちだが食感はいい。8時25分，

郷土料理　いねごり

柴田氏が迎えにくる。一緒に調査できるのはこの日までである。上空を見ながら少しでも薄日のある方向へ車を進める。近くの加茂歌代にある迫田の奥へ行く。クヌギやハンノキ林，水田，草地環境など良さそうなのでここでしばらく見ることにする（写真1，2）。車を降りて直ぐに待望のウラギンが飛ぶ。とにかく飛び方が速く，瞬く間に森のなかへ消えてしまう。また農道を歩くとヒョウモン類が飛ぶがとても採れる状態ではない。ふと見ると歌代神社の前に小形のヒョウモン類が吸水している。慎重にネットを被せる。佐渡初のウラギンと思ったら，オオウラギンスジヒョウモンであった。残念！それからほどなく柴田氏がウラギンを捕まえた。それも10分もたたないうちに2♂。初めて見る佐渡産生ウラギンである。既にすれている。ウラギンの行動を見ていると，樹上からやってきて荒れ地の上をなめながら探雌行動。上流部からも下流部からも来る。採集するにはこの場所しかないと腰を落ち着けて待つことにする。しかしながら，荒れ地を飛ぶウラギンの滞在時間は短い。直ぐに樹上へ飛び去ってしまう。それでも，頑張って私的佐渡初のウラギン2♂を得る（写真4）。10時20分，柴田氏が猛然と走る。ウラギンが水田上を飛んでいる。回り込むと田の真ん中付近へ止まるがどこに止

まっているか分からない。ネットをそっと近づけると，数m程飛翔し畦の土手に止まる。採集を待ってもらい撮影する（写真3）。極めて新鮮な雌だ。標本確保に加え，写真が押さえられたので3日目にしてまずは一安心。またまた，上空の天気をワオッチ。北部が良さそうである。行く前に昼食を買うことに。佐渡ではコンビニは少なく，セブンイレブンもローソンもない。すべてセーブオンという店舗である。セブンイレブンがあると考え電子マネーを持ってきたが，全く役に立たなかった。

さて，事前に柴田氏から提供された情報を考慮し，車で約20分の和木地区へ向かう。途中，火力発電所があった。佐渡には2カ所あって島自前でまかなっているという。しかも，東日本は50ヘルツであるが，佐渡は60ヘルツだそうだ。今は互換性のある電化製品がほとんどで，希にないものがあり困ったそうである。11時，和木につくと小雨が降っている。やれやれと思いながら畑地を探索していると薄日が差してきた。すかさずウラギンらしい個体が飛ぶ。いる！　それからあちこち歩くが全く飛ばない。11時56分，アレチハナガサへウラギンがくる。撮影を迷ったが標本確保が一番と採集してしまった。そうしているうちに柴田氏がウラギンの集まる荒れ地を見つける（写真5）。端から見ていると，明らかに探雌行動をとっている。ここなら何頭か採れるのではな

和木の草地（園芸種・外来種）

いかと，露で濡れた草間で待つことにした。結果は2人で6♂。雨模様となってきて，ウラギンが飛ばなくなってきたため，ここは終了。

天候はかんばしくなく歌代へ戻った。14時に到着し，見て回ったがウラギンは2♂飛翔を目撃したのみ。この場所は諦め，佐渡空港近くの秋津の様子を見ることにする。15時25分　到着。曇時々霧雨。それにしても，柴田氏はトキのモニタリングをされているだけあって，地理には滅法強く心強い。草地をしばらく見ていると何とこの悪天候でウラギンが飛んでいる。これまで行った場所の中で一番ノアザミ類が多い。佐渡のノアザミは茎の黒いものが多く，別種かとも思っていたが，アザミ類研究家の斉藤政美氏に写真同定して頂いたところ普通のノアザミで良いとのことだった。吸蜜している様子はないが，探雌行動である。雨の中飛翔するウラギンがいることは，夏日本としてはとんでもない場所もあったものだ。佐渡中を歩き回っている柴田氏も大変驚いている（そもそもこんな雨の日に調べに行ったことはないとのこと）。宮崎では，気温の高い日は小雨時でも飛んでいることがあったが，それほど気温が高いわけではなかった。キアゲハ，モンキチョウ，ツバメシジミ（写真6）が訪花したり静止している。チョウ影の多い場所だ。当のウラギンは3〜4分おきにどこからか飛んでくる。2人で9頭採集する。新鮮個体はほとんどなく，破損個体ばかりである。17時過ぎまでいて終了。ホテルまで送ってもらう。

夜は，昨日行ったレストラン多花野で，とにかくウラギンが確保できたので，一人祝杯で生ビールと焼き肉定食を注文。価格はやや高めだが，なかなかの味。佐渡の飲食店は，終日営業しているのは純観光客相手のところだけで，通常は昼食時と夜に開いている。実に効率的だ。

7月3日（月）

5時45分起床。雲を通して薄く日が漏れてくる。早朝だけは天気が良い。昨日，発生した台風3号は，4日から最終日の5日にかけて新潟方面に向かうという予報が出ている。おまけに湿った気流が北陸から新潟県方面へかかり，佐渡では大雨洪水警報が出ている。どうなることやら。7時にいつものように朝食をすませ，7時55分，ホテル志い屋のマイクロバスで港にあるレンタカー屋に向かう。ここからは単独行動である。島内で最も安いと紹介されたアイランドレンタカーに着く。一緒に乗ってきた仕事風の2人組が先に手続きを済ませたが，レンタカーのご主人が一緒の客と勘違いをされたのか一向に説明が終わらない。しびれを切らして一言。申し訳なさそうにされていたが，手続きはスムーズに行えた。車も既に用意してあり簡単な説明を受けて出発できた。

とにかく午前中は雨か曇の予報で既に雨が降っている。車を借りて早々だが，調査はかなり無理と判断し，観光に切り替え有名な佐渡金山を目指すことにした。前から一度は見ておきたかった場所でもある。両津からは丁度反対側にあたり，1時間足らずで到着。ここは雨が降っていない。ただルリシジミが飛んでいたくらいで他は何もいない。早速坑道見学をすることにした。30分と50分コースがあり，30分コースを選んだ。入場料900円。内部は，金採掘のジオラマ展示で一部では人形や道具が動く仕掛けとなっていた。当時の人力での採掘の苦労が忍ばれた。坑道内は肌寒く，そもそも薄着で風邪を引きそうだったのでやや駆け足で出た。坑道内10℃に対して下界は26℃で，出た瞬間，かけていたメガネが真っ白となった。順路の資料館の展示を見て終了した。天気の回復が見られないため，環境把握にと佐渡スカイラインを通って両津方面へ回ることにした。上って直ぐに霧に見舞われ，10m先も見えない箇所が続出。ライトを点灯し時速20km/hほどで気をつけながらの運転だった。途中，乙和池

大佐渡スカイラインのキバナカンゾウ

付近でキバナカンゾウのお花畑があり霧の中での撮影をした。10時46分，スカイラインの最高点942mを通過。ところどころ，ウラギンのいそうな草地があるが，視界が悪くてよく分からない。急な下りを過ぎると自衛隊宿営地があり霧が晴れてきた。その下にアカツメグサやミヤコグサの咲く小草地があり調べる。チョウ類はモンキチョウがいたくらいでアキアカネが数頭いた。さらに降りると牧場らしい草地が2カ所あり，良さそうな感じでもあったが，チョウ類は少なくキタキチョウを見たのみだった。

そこからセーブオンのコンビニで昼食を買い，雨でもウラギンが飛ぶ秋津で少し粘ることにした。11時50分到着。直ぐに大形のヒョウモンがアザミで吸蜜しているのを見つける。ミドリヒョウモンのきれいな雌だ。撮影を始める。ひととおり終わって採集しようとしたが，気配を察したのかどこかへ飛んで行ってしまった。相変わらず，ツバメシジミはチラチラしている。写真を押さえておく。12時33分，樹林の方からニイニイゼミの鳴き声が聞こえてくる。ウラギンは10頭ほど追加した。13時15分終了。北部山塊を見ると霧が晴れてきている。これはチャンスと思い，ドンデン山へ方向転換。

13時45分，ゼフィルスのいたドンデン山中腹へ着く。やや強い風が吹いている。風下に回り，イチモンジチョウやウラゴマダラシジミを追加するもチョウ影は少ない。そのまま，ウラギンのいるという草原へ上って行くが，台風3号の影響が既に出ており風が半端ではない。霧は確かに晴れている。何とか状況をと車の外に出たのは良いが，おそらく30m/sほどの突風を伴っている。車につかまらないと立っていられない程で，今にも吹き飛ばされそうである。このままでは車の中にも入れない。少し待つと一瞬風の弱まった隙にやっと車内へ入ることができた。車は左右に揺れており，横転の危険性もある。何も仕事が出来ないまま，元来た道を下ることとなってしまった。途中も場所により風は強く，運転しづらかった。やっと中腹まで降りてきて，風の弱い斜面でアカジミを採集した。ヒョウモン類も1頭目撃したが，ウラギンではなかった。

14時38分，再度ウラギン確実な場所の秋津に戻る（**写真7**）。曇っており，ここも風が強くなっていた。時折，ウラギンが姿を見せるが，風で吹き飛ばされて行く。それでも頑張って9♂1♀採集（**写真8～11**）。ふと見ると大形のヒョウモンがノアザミで吸蜜している。ウラギンの雌かと近づくとミドリヒョウモンの雌だった。撮影をし（**写真12**）採集を試みたが，またもや気配を察知したのか遠くへ飛び去ってしました。この個体は昼に見た個体と同じかどうかは分からない。少し下の谷間に移動してハラビロトンボ♀を撮影採集する。オカトラノオがたくさん咲いている。満開なのだが何故か訪花する昆虫類はほとんどいなかった。風の影響が少ない潟上のハンノキ林でミドリシジミを撮影しに行くことにする。15時40分，雲は厚くやや薄暗くなっている。ハンノキの梢を見ると多数の個体が入り乱れて飛んでいる。これはと思いながら，カメラを向けるが暗いこともあってなかなか厳しい撮影だった。ミドリシジミは2ペア，ヒメジャノメ1♀採集。16時17分本日終了。16時34分，ホテル着。夜は，常連となった多花野で生ビールとミックス定食を注文。

7月4日（火）

5時30分起床。風はないが小雨が降り続いている。佐渡汽船のジェットフォイルは既に始発2便が欠航決定。新潟県本土はかなりの雨量となっていて72時間で7月一月分の雨が降っているという。梅雨前線が活発化しているのに加え，台風3号が追い打ちをかけている。幸いなことに台風の直撃コースは免れた。それにしても，まる一日使えるのはこの日だけとなった。7時に朝食を済ませ，8時46分，ホテルを出る。相変わらず，結構な雨が降っている。これでは仕事にならないため，最初にトキの森公園を見学することにした。佐渡金山に並ぶ観光地である。途中標識はあるが肝心なところになく，ナビがなければたどり着けないのではないかと思った程だ。観光客はパラパラで，協力金400円を払い資料館などを見て回った。日本最後のトキであるキンの剥製標本には感慨深いものがあった。ゲージのあるトキふれあいプラザでは，受付監視員の年配女性2人と話をすると，ゲージ内にいるトキは野外に放すことの出来なかった個体で余生を過ごしているという裏話を聞くことが出来た。

9時50分，雨は止む気配はなく，大佐渡北端のカシワ群落を見に行くことにする。柴田氏へ連絡を入れ，おおよその場所を教えて頂く。この一帯は島唯一，ハヤシミドリシジミ

キンの剥製

真更川のカシワ

ジブリに出てきそうな顔状の雨雲群

が発生するところらしい。一路，北上。鷲崎(わしざき)の集落を過ぎ，島最北突端の弾崎(はじきざき)付近に差し掛かると疎らにカシワが出てくる。背はやや低い。その先の二ツ亀付近の道路を回り大野亀に着く。ここは，6月にキバナノカンゾウの花が一面に咲く観光地だ。もう花の時期は終わっていて，全て刈り込んであり見る影もなく，案内看板で様子を知るのみであった。周囲を見ると海岸樹林にカシワの孤立木が何本か見られる。遊歩道には幼木がかなり育っていた。明らかに自生の様相である。そこから20分，目的地の真更川(まさらがわ)へ着く。なるほど，カシワの密度が濃い。人家の周りだけでなく，谷筋にもかなり多い。季節風の影響か背丈は高くないが幹は太く，かなりの年数を重ねた木も見られる。雨が降り続いているため環境を見て引き返す。

ここはやはり，雨でもウラギンの見られる秋津へ向かい14時50分に着く。6日間のうち一番天気が悪い。台風と前線の余波で雨は一日中続いた。ウラギンは少し明るくなり雨が止むと飛翔するが，直ぐに小雨となる。2♂ノアザミに来ていた個体を見たのみ。そのほか，スジグロシロチョウ，ツバメシジミ，ルリシジミを確認し，ハラビロトンボ，アキアカネを少数採集する。16時10分終了。ホテルに帰り，これまで採集した標本を整理し，クロネコヤマトへ行って冷凍便で自宅へ送る。対応した年配者は，6時間以上マイナス20℃で冷やしたものでなければ受け付けられないとか難しいことを言っていたが，いつもこれで送っていると話すとシブシブ受け付けてくれた。仕事熱心なのか腹の虫の居所が悪かったのか不思議だった。夜はかなりな雨の降る中で常連となった多花野へ。最後の夜なのに何と定休日。しかたなく，少し行ったところのうどん屋(店の名前)できのこうどんえび天丼セット1,330円を注文。お客は私ただ一人。お腹は満たされたが，メニューの名前の割にはそれだけのことだった。

7月5日(水)

4時55分，起床。いよいよ最終日だ。東の空に雲の切れ間があり，台風3号は足早に関東沖へ過ぎ去る。佐渡には雨雲はかかっていない。朝食を済ませ，8時3分，ホテルをチェックアウト。12時までに港へレンタカーを返却しなくてはいけないので，使える時間はギリギリ11時30分までだ。近場で確実なのはどう考えても秋津の生息地である。そこからだと20分ほどで港まで行ける。

8時15分，草地に到着すると薄日が射している。これは，幸先良いとウラギンがノアザミで吸蜜している(写真17)。モンキチョウ，スジグロシロチョウ，ルリシジミ，ツバメシジミも吸蜜している(写真13, 15, 16, 18)。しばらくすると真っ黒なレインバンドが西から近づいてくるのが見える。8時49分，やはり雨が降り出す。キアゲハはいち早く草間に隠れるように静止する(写真14)。外にいると結構濡れるほどの雨で車中へ避難する。9時6分，雨域が去る。ほどなくウラギンではないヒョウモンがノアザミに来ている。ミドリヒョウモン♂だった。その後，ウラギンはポツポツ飛来し採集。オオスズメバチが飛びネットインすると女王だった。9時45分には近くの樹林でニイニイゼミが鳴く。何回か鳴いた後全く鳴かなくなった。10時7分，また雨が落ち始める。しばし休止。10時40分雨が上がると同時にヒバリやウグイスの囀りが聞こえる。ウラギンを追加し，ここまで8♂4♀を得る。雌が複数確保出来たことは大きい。ノアザミへ訪花する個体が多く，その中でも特に突き出た花を好んでいた。一昨日は地表に近く隠れた花で吸蜜する傾向があったので，天候や時間帯で習性が変化するのかもしれない。11時30分，少し小雨となり，予定通り終了。エネオスで給油し満タンにする。15.3リットル。締めて2,247円。11時50分，両津港のアイランドレンタカーへ車を返却。歩いて佐渡汽船へ向かう。13時20分，ジェットフォイルに乗船し佐渡を離れる。新潟万田埠頭に14時20分着。直接タクシーで新潟空港へ向かう。早めの夕食はカレーセット。保安上検査場では，7月から厳しくなったためか，ネットの柄を再検査され長さもきちんと測られる。18時5分離陸。窓から富士山がきれいに見える。伊丹空港を経由し，宮崎空港へは20時55分着陸。タクシーにて21時15分無事帰宅。

最初に述べたように雨の多い季節のため6日間を設定した。初日の天候の感じからウラギンは全く見られないかも知れないとの不安がよぎったが，それにもかかわらず，ほぼ満足できる結果ではあった。ただ，平地のウラギンの様子は分かったが，高標高のものは全く調査できなかった。精査した結果低地のものは，全てサトウラギンであることが判明した。後に，柴田氏から高標高のウラギンを多数送ってもらったが，これらも全てサトウラギンだった。未だヤマウラギンは見いだされていない。果たしてヤマウラギンはいるのかいないのか，まだまだ調べる余地はある。

写真1　歌代の里山（1）

写真2　歌代の里山（2）

写真3　サトウラギン♀

写真4　佐渡島初のサトウラギン♂

写真5　和木のサトウラギン生息地

写真6　ツバメシジミ

◆ 所　感 ◆

　7月2日，佐渡島3日目にしてやっとウラギンと対面できた。成虫は，写真1の樹林側から降りてきて，草地に寄り，高速で樹上に消える。草地にいる短い時間だけが採集できるポイントである。写真2も同じ環境で，右端の柴田氏は降りてくるウラギンを待っている。記録のある和木に移動。適当な草地を見つけるとやはりウラギンがいた。秋津のノアザミ群落ではウラギンが飛んでくる。何と雨中で。その中で，新鮮なツバメシジミも撮影した。

写真7 ヒョウモン類の集まる秋津のノアザミ群落

写真8 サトウラギン ♂

写真9 サトウラギン ♂

写真10 サトウラギン ♀

写真11 サトウラギン ♀

写真12 ミドリヒョウモン ♀

◆ 所 感 ◆

7月3日，秋津のノアザミ群落。佐渡島のノアザミの茎は九州からすると黒く別種ではないかと思うほどである。その花にはウラギンが多数飛来する。ここだけは小雨が降っても吸蜜にくる特別な場所でもある。翅形・斑紋からすると写真8-11は全て典型的なサトウラギンだ。その中で，ミドリヒョウモンの雌が草間に静止していた。

写真13　モンキチョウ

写真15　スジグロシロチョウ

写真16　ルリシジミ

写真17　サトウラギン ♂

写真18　ツバメシジミ

◆ 所 感 ◆

　7月5日，佐渡島最終日は天候と時間の関係で秋津のノアザミ群落に調査を絞る。時々雲のバンドが来て，雨が降る。キアゲハは直ぐに草間へ静止する。ウラギンヒョウモンもどこかへ飛び去る。その雨間で撮影できた数種である。晴れればもっと多くの種類が見られたのかもしれない。

| 写真19 畑の先にいるトキ | 写真20 こちらに気がついたトキ | 写真21 優雅に飛翔するトキ |

写真22 集団で行動するトキ

| 写真23 観光用佐渡金山入口 | 写真24 保存されている宗太郎坑道 | 写真25 金を素掘りした跡（割戸） |

◆ 所 感 ◆

　佐渡島はトキと金山の島だ。初めて対面するトキには感動し時めいた。意外と小さな鳥で田畑周辺では完全に溶け込んでいてなかなか見つけづらく保護色となっている。柴田氏によると余り近づきすぎないように配慮しモニタリングしているそうである。彼の案内がないと，このような集団を見つけることは出来なかった（写真19～22）。

　佐渡金山は，気象通報でもおなじみの大佐渡の相川にある。このとき雨のため観光客は少なかった。金を掘り出した割戸は何カ所かにあり，江戸時代では大規模な事業で如何に重要な資源であったのかが分かる。ここは，大佐渡スカイラインの入口にもあたり，観光コースとなっている（写真23～25）。

【特別寄稿】 ヒメウラギンヒョウモンとの出会い

國兼　信之

　新川勉氏と初めて出会ったのは2003年11月1日の日本鱗翅学会青森大会前日，函館のホテルであった。ベニヒカゲの研究で著名な小暮翠氏の紹介があったからだ。青森大会に参加する機会に二人で津軽海峡（ブラキストンライン）を眺めに函館まで足を延ばしてこられた。ホテルで挨拶を交わし，新川氏から各種蝶類のDNAについて調べているとのお話を伺う。特にエゾスジグロシロチョウについて熱く語られ，渡島半島はヤマトスジグロシロチョウで胆振地方にエゾスジグロシロチョウとの境界があるなどと丁寧にお話しくださった。

　そこで，私は早々に長万部町産エゾスジグロシロチョウの三角紙標本を送ったところ新川氏からお礼の電話が入った。その時，ウラギンヒョウモン（以下ウラギン）のDNA分析では2種に分かれること，模式産地（亜種）の函館産ウラギンを分析したいので，標本がないかと尋ねられた。手持ちの三角紙標本を探したが函館のものはなく道南で採集した標本を見繕って送った。

　年が明けた2004年1月に新川氏から電話があり，「昨年送ったウラギンのうち，福島町千軒の雌個体のDNAが他の集団と離れていて別種の可能性が高い。雄個体を確認するため今年の夏，道南へ採集に行きたいので是非案内をしてほしい。」と頼まれた。そこで「道南のウラギン発生時期について採集記録や北海道南部の蝶（1974）などで確認しています。早い記録は6月13日で9月中旬までが主な成虫期なので，間違いなく雄成虫を採集するには7月上旬が良いでしょう。」と伝えた。その後，新川氏はスケジュールを調整され，同年7月1日に函館入り，2日福島町千軒，3日青森県（K氏に依頼）で行動するのでよろしくとのことであった。予定日が近づいてきた6月29日千軒の発生状況を確認しに行くと草叢を飛び交うウラギンを見る。まずは一安心。

2004年7月

1日（木）　新川氏が函館入りされ，ホテルから連絡が入る。翌日予定通り8時ホテルに迎えに行くと伝える。

2日（金）　天気は薄曇り。国道228号を松前方面に車を走らせる。知内町湯の里付近に来ると松前半島，最高峰の大千軒岳（標高1,072 m）を望み，目の前に雄大な山並みが広がる。もうすぐ目的地の福島町千軒だ。函館から約1時間30分で到着。ここは杉の植林地で，数年たった若木の周りの草叢を飛ぶウラギンが早々に迎えてくれた。飛んでくる個体は速くてなかなか採れない，追いかけて草叢の中に入り込むとアザミ類やアカツメクサなどの花や葉に止まっているウラギンが飛び出してくる。新川氏は1時間程度，ポイント周りの生息環境を確認されながら採集されている。私はとにかく多くの成虫を得るのに専念し草叢の中を縦横無尽に歩き回りながらなんとか18♂を採集した。新川氏も満足されたようで次のポイントへ移動する。

　福島峠を越え福島町三岳のポイントに到着する。ここは，森林に囲まれた杉の伐採跡にできた草付場である。丁度ウラギンの発生がピークを迎えているようで，下草の中から飛び出してくる個体を多く見る。ここで昼食を摂り，休息しながら二人で飛んでいるウラギンを目で追いかけていた。すると葉上で交尾をしている個体を見つけ，急いで駆け寄りそのままネットインする。その後，切り株につまずきながらもウラギンを追いかけた甲斐あって，ここでも十分採集することができた。

　次に休耕田跡に出来た草原のある湯の里へ移動する。時間も少し遅くなったためかウラギンの飛翔個体は少なくなり早めに切り上げ帰路についた。新川氏との今回の道南採集を終えた。

　今までウラギンをメインに採集したことはなく，普通種とは言え多少不安があったが予想以上にサンプルを確保できたことに安堵した。後日，新川氏からヒメウラギンヒョウモン（以下ヒメウラギン）の雄が含まれていたと連絡が入った。

2005年6月

　「今年も採集に道南へお邪魔し，少し新鮮なヒメウラギンを確保したい，昨年より1週間早めの6月下旬でどうだろうか，今回は岩﨑郁雄氏と二人で伺うので案内のほどお願いしたい」と新川氏から連絡が入った。

最初にDNAで確認されたヒメウラギンヒョウモン♀
2001年7月29日　千軒産（撮影：新川氏）

25日（土） 朝からどんよりとした曇り空で天気はよくない。予定通り函館駅前ホテルへ迎えに行き，新川氏と初対面の岩﨑氏と挨拶を交わす。私の車はセリカ2ドアで後部座席が狭い。新川氏が「小さい私が後ろに座ります」と後ろの席にそそくさと乗ってしまった。クーペタイプの後部座席は窮屈で狭く，さぞ乗り心地悪い車であったろうと申し訳なく思う。まずは湯の里に到着した。国道沿いにある津軽海峡線の青函トンネルの展望デッキで記念撮影をする。ここから15分足らずのヒメウラギンの千軒ポイントへ行き，確認するがチョウの姿が見えない。そもそも全体的に蝶々の姿が少ない。端境期なのだろうか。草叢に入って追い出しを試みるも去年とはまるで違いウラギンは出てこない。発生がかなり遅れているようだ。まだ蛹か，幼虫状態かもしれない。宮崎から時間と経費をかけヒメウラギンを調べに来たのに，少し時期が早かったではと岩﨑氏には申し訳なく思う。新川氏は去年採集されているからまだしも何とかしなくては……。二人が草叢に入って食草のスミレと幼虫を探し始めたのを見て，私はオサムシ採集で藪に入るときに使う草刈り鎌を出し，草を刈って蛹でも見つけられないかと無謀とも思われる行動に出た。4カ所目の草刈りをしたとき，杉の根もと付近に生えるタチツボスミレ類に図鑑で見たことがあるウラギンの幼虫（終齢と思われた）を発見した。すぐに「いました！」と大声を出し二人を呼ぶ。それから三人で幼虫探しに切り替えた。新川氏が別の種の幼虫も確認し採集された。オオウラギンスジヒョウモンのようである。草刈りを続けているとアキタブキの葉裏に垂れ下がっている蛹（翅形からヒメウラギン）が目に留まる。すかさず私が「蛹を見つけました」と雄叫びを上げ，二人が駆け付け確認された。新川氏の一言「これだけ高い位置で蛹化している個体は寄生されている可能性が高い」とのことであるが一応確保する（この個体は岩﨑氏が持ち帰り飼育したところヒメバチの一種が脱出した）。さらに幼虫探しを続けたが見つからなくなったところで一応切り上げる。次のポイントの福島町三岳へ移動。ここも同じく成虫の姿は全く見られない。そこで幼虫探索を行うが前のポイントのようには簡単に見つけることが出来ずこの日の採集を終える。

函館に戻り駅前の居酒屋「根ボッケ」で残念会を行う。岩﨑氏から「成虫は見られなかったが幼虫の生態が観察できたことは大変有意義でした」と言われ私は安堵する。さっそく居酒屋名物の根ホッケを注文し，出てきた魚を見て岩﨑氏が「こんなに大きいホッケは見たことがない」と驚かれていた。新川氏は厚い身をほぐして美味しそうに食べていたのが印象的だった。道南では恵山沖で獲れる大型のホッケを「根ボッケ」と呼んでいて実に美味しい。三人で綺麗にたいらげてしまう。

26日（日） 二人は夕方の飛行機で帰るので，今日は採集時間が限られてしまう。成虫採集が期待できないので千軒ポイントで幼虫採集と決め直行。午前中，そのポイントで幼虫とスミレの観察・撮影を行う。帰り道，知内町のチリチリ林道やゴマシジミのポイントに寄ってみるが残念ながら今年は思い通りにいかない。函館市内に戻り函館山の山麓，元町の観光スポット，ハリストス正教会，函館旧公会堂，金森倉庫などのベイエリアを巡り（ほとんど素通り）空港方面に向かう。途中，大森浜にある啄木小公園に寄り，岩﨑氏のみ新撰組副長だった土方歳三を見たいとのことで資料館に入られた。その後，空港へ直行し二人を見送った。

後日，岩﨑氏から公園のナミスミレを与えたら幼虫が下痢をして危険状態，至急タチツボスミレを送って欲しいとSOSの連絡が入る。心配していたところ，何とか生き残った個体があったとの報告を受けた。

展望デッキにて（左：岩﨑氏　右：新川氏）

アキタブキ葉裏のヒメウラギンヒョウモン蛹

巨大なホッケを楽しむ新川氏

2006年7月

　この年は前年の雪辱を果たしに新川氏ご夫妻と岩﨑氏の三人で函館に来られた。

1日（土）　以前送った長万部産ウラギンの標本を追加したいとの目的で渡島半島の北まで足を延ばすこととなった。今回も狭い車の後部座席に新川氏ご夫妻に座って頂くことになり心苦しかった。早々に長万部町のウラギン生息地へ車を走らせた。天気は薄曇りで日も差し込みまずまずである。函館から国道5号線を札幌方面へ北上し約2時間30分で目的地に着く。ここはオサムシ採集で数年通い続けている所でもある。以前ウラギンを採集したときは林道沿いに飛び出した個体を捕まえたため、生息する草原環境は確認していなかった。そのため林道を車でゆっくり移動しながら良さそうな環境を見つけると停車し、周辺を少しうろついてみるが前年と同じでウラギンの姿が見えない。他の場所を探すこととして2、3林道を移動してみる。岩﨑氏がムカシトンボを捕まえ、「珍しいですか？」と聞かれる。「道南の産地は限られるがそこそこいますよ」と答えるがムカシトンボを狙って採集するのは少々難しい。さらに移動しながらウラギンを探す。時折、素速く飛び去るヒョウモン類の仲間は見るが、未だにウラギンを確保することが出来ない。昼食を摂り長万部町を諦め函館に戻りながらポイントを探すことにした。森町まで南下し鳥崎林道へ入ってみるがここもウラギンはいない。七飯町大沼へ移動、東大沼キャンプ場付近の草叢に行くとヒョウモンチョウが飛んでいるのが目に入る。ここで車を止め、少し粘ってみることにした。アザミに止まっていた大形のヒョウモンをネットに入れて確認するがギンボシヒョウモンばかりである。ウラギンはまだ発生していないようだ。長万部町で飛び去ったヒョウモンの仲間もギンボシだったのだろうか。大沼周辺を見て回るがこの日は惨敗であった。

2日（日）　薄曇り。4人で調査をするのはこの日が最後である。8時、法華クラブを出発する。福島町千軒のポイントへ行く。ウラギンは見られず前年と同じく幼虫を探してみるとオオウラギンスジヒョウモンの終齢が2頭見つかった。次のポイントの福島町三岳では成虫も幼虫も見つからなかった。

夷王山のヒメウラナミジャノメ

12時15分、再度千軒に寄ると新川氏が今回成虫初のヒメウラギンらしい新鮮個体を採集されたが、それだけで完全に出始めだった。

　14時50分、ヒョウモンチョウの生息地でもある上ノ国町夷王山へ移動した。少数のヒョウモンチョウを目にする。少し奥に入っていくと大形のヒョウモンが飛び出してきたが素速く逃げて行った。ギンボシだろうか。ここはヒメウラナミジャノメが多数発生していた。カシワなどの葉を叩くと複数個体がゼフィルスのように飛び出してくる。そうこうしているうちに時間も迫ってきたので切り上げ、函館へ戻ることとなった。

　17時頃ホテルに戻った。新川夫妻からみんなで一緒に食事をと誘われ、今回も残念会を行うこととなった。早速私が、近くの居酒屋「函館山」を予約した。お疲れの乾杯（完敗）で喉を潤し簡単なつまみを注文する。私は少しお腹が空いていたので、ホッケでもと思いカウンター側に目をやると壁にキンキ塩焼きの札があった。普段は値が張るので頼まないが皆さんに美味しい魚をと注文する。すかさず新川氏が反応し魚の説明をされた（キンキがお好きなようだった）。北海道の超高級魚のひとつ。旨いよと運ばれてきたキンキをご夫妻で1尾を骨だけ残し綺麗に食べ満足されていた。岩﨑氏は「小骨に注意して下さい」の一言が気になったようで大胆に身を解して食べていた。皆さんウラギン成虫の敗北を忘れ、函館の海鮮料理を満喫されたようだった。

　3日は新川夫妻と岩﨑氏が調査され、4日に無事帰郷された。2005年、2006年とウラギンの発生が遅れ、ヒメウラギンの望ましい成果は得られなかった。自然相手なので致し方ないことではあるが、生息環境はもちろん幼虫・蛹が見られたことなど、二人にはそれなりに成果があったようである。

長万部のウラギン生息地

居酒屋にて（左：新川夫妻，右奥：岩﨑氏，右前：筆者）

おわりに

筆者のひとり新川氏は，本書の出版を待たずに 2018 年 6 月に急逝されました。本当に突然のことで，私はしばらくの間は何も手に着かない状態でした。残念なことしきりですが心からご冥福をお祈りいたします。

亡くなる直前には，記載文はほぼ仕上がっており，ウラギンヒョウモンのまとめたものを世に出そうと一緒に構想を巡らせていました。その中で日本の種を知るための大陸産ウラギンヒョウモンの形態上の検討や中国，韓国，モンゴルへの紀行文も含めて新川氏が執筆予定でしたが叶わぬこととなりました。

私は，記載文等の執筆や打ち合わせに宮崎市から鹿児島県曽於市の新川氏宅まで 20 回以上 3 時間かけて往復しました。とにかく，新川氏の遺伝子に関する考え方の違いを出来るだけ埋めることに時間を掛けました。さらに新しい発想にも話が弾み，今となっては貴重な時間となりました。

なかでも，新川氏は DNA 分析結果と地史とを絡めたウラギンヒョウモン類の種分化についての成り立ちを熱く語っておられました。大陸から日本が分離した後の 1,050 万年前にサト，ヤマ，タイリクウラギン（*A. vorax*）が分岐し，430 万年前に島だった現在の渡島半島でヒメウラギンが分岐したということです。実際は気候変動や陸地の状況など一筋縄ではいかないことは当然ですが，それも理解されていたようです。とにかく，新川氏の遺伝子から見た種の概念は正しいのか，同種なのか別種なのか，斑紋で区別出来るのか，とうとう私は実体顕微鏡と生物顕微鏡を購入し，日々，交尾器と発香鱗に対峙する時間が続きました。発香鱗については気がつけば 400 個体以上も検鏡することになりました。その結果はほとんど全てが遺伝子解析を裏付けるものでした。おかげで斑紋の特徴もかなり掴めるようになりました。

協議する中で，私を悩ませたのが属名をどうするかでした。国内では *Fabriciana* 属を使用することが極く普通となっていますが，新川氏は類縁関係を見ても細かく分ける必要はなく，*Argynnis* 属が相応しいという見解。私は属名には全く考えも及んでおらず，国内指針となる日本産昆虫目録（2006）では当然 *Fabriciana* 属となっています。これをどうするのか，かなり協議しました。ヒョウモン類の体系をまとめた一番新しい Tuzov の図鑑（2017）では *Fabriciana* 属は亜属となっています。また国外の図鑑を見るとほとんど *Argynnis* 属が使用されています。さらに過去白水隆先生も広い意味での *Argynnis* 属と書かれており，最終的に遺伝子分析を加味した Tuzov の考え方に従い，*Argynnis*（*Fabriciana*）属としました。

日本周辺の国外のウラギンヒョウモン類については別種が存在する可能性も含め，まだまだ課題が残されています。21 世紀にもなってチョウ類に日本固有の新種が出るとは想像もできませんでした。本書を契機にさらに研究が進むことでしょう。

最後に採集地名など記録としての重要性を鑑み，省略せずにそのまま掲載しました。一方では，そのために多数の方々が狭い地域に押し寄せ，乱獲により種に重大な影響を与える懸念があります。個人それぞれが種の保存に目を向けながら対応して頂きたいと切に願います。

（2019 年 7 月　岩﨑記）

■ 著者紹介

新川　勉　Tsutomu SHINKAWA

1934 年生，鹿児島県曽於市。

所属： 日本鱗翅学会，日本蝶類学会，日本第四紀学会，昆虫 DNA 研究会，鹿児島昆虫同好会，宮崎昆虫調査研究会ほか

略歴： 鹿児島県立志布志高等学校を卒業後，東京の運送会社，放送大学及び東京大学における技術職員を経て，鹿児島県へ帰郷する。

志布志高校時代，福田晴夫・中尾景吉両氏とともに大隅昆虫同好会を設立。現在の鹿児島昆虫同好会に繋がる。ギフチョウやウラギンヒョウモン，エゾスジグロシロチョウなどの調査で韓国，中国，モンゴル等に 60 回以上渡航。

岩﨑郁雄　Ikuo IWASAKI

1955 年生，宮崎県宮崎市。

所属： 日本鱗翅学会，日本蝶類学会，日本蝶類科学学会，日本昆虫学会，日本トンボ学会，昆虫 DNA 研究会，宮崎昆虫調査研究会，鹿児島昆虫同好会，宮崎昆虫同好会ほか

略歴： 鹿児島県立中央高等学校，鹿児島大学を卒業後，宮崎県内の小学校，宮崎県総合博物館，宮崎県庁勤務を経て，現在，宮崎県 RDB 作成検討委員，日南市文化財保護審議会委員，宮崎県環境保全アドバイザーほかを務める。

南九州を中心に蝶類の生態を調査研究すると同時に，トンボ類を含む水生昆虫類の分野にも活動の幅を広げる。

ヤマウラギンヒョウモンの幼虫調査、霧島山麓にて
左：新川　右：岩﨑　（2016 年 4 月 15 日）

日本のウラギンヒョウモン

2019（令和元）年 7 月 8 日　初版第 1 刷発行

著　者　新川　勉・岩﨑郁雄
発行人　岩﨑郁雄
　　　　〒 880-0925　宮崎市本郷北方 4353-31
編　集　岩﨑郁雄・前田朋
販売所　合同会社ヴィッセン出版　宮崎オフィス
　　　　〒 889-1702　宮崎市田野町乙 7484
　　　　TEL 0985-74-5757　　FAX 0985-68-3669
印刷・製本　モリモト印刷

©Ikuo Iwasaki 2019　Printed in Japan

本書を無断で複写（コピー）することは、法律で認められた場合を除き、禁止されております。
予め著作権者等に許諾を求めてください。
落丁・乱丁の場合は、ヴィッセン出版へご連絡ください。お取りかえいたします。
ISBN978-4-908869-13-6 C0045

Japanese *Argynnis niobe* group and *Argynnis pallescens* group

Date of publication: 8. July, 2019
Authors: Tsutomu Shinkawa and Ikuo Iwasaki
Editor: Ikuo Iwasaki and Tomo Maeda
Publisher: Ikuo Iwasaki
Pablished by Wissen Publishing
7484, Tanocho- otsu, Miyazaki city, Miyazaki Pref. , 889- 1702, Japan
TEL: 0985-74-5757 FAX: 0985-68-3669
ISBN978-4-908869-13-6 C0045

表表紙掲載成虫
① *Argynnis (Fabriciana) pellescens*
　サトウラギンヒョウモン ♂ 表
② *Argynnis (Fabriciana) pellescens*
　サトウラギンヒョウモン ♂ 裏
③ *Argynnis (Fabriciana) nagiae*
　ヤマウラギンヒョウモン ♂ 表
④ *Argynnis (Fabriciana) nagiae*
　ヤマウラギンヒョウモン ♂ 裏
⑤ *Argynnis (Fabriciana) pellescens kandai*
　オクシリウラギンヒョウモン ♂ 表
⑥ *Argynnis (Fabriciana) pellescens kandai*
　オクシリウラギンヒョウモン ♂ 裏
⑦ *Argynnis (Fabriciana) kunikanei*
　ヒメウラギンヒョウモン ♂ 表
⑧ *Argynnis (Fabriciana) kunikanei*
　ヒメウラギンヒョウモン ♂ 裏

裏表紙掲載成虫
Argynnis (Fabriciana) pellescens [form Red Band]
サトウラギンヒョウモン ♀ レッドバンド型